# 낙동강 하구

생명의 젖줄, 그 야생의 세계
## 낙동강 하구

초판 1쇄 발행일 2008년 10월 10일
초판 2쇄 발행일 2015년 12월  7일

지은이 강병국
사  진 최종수
펴낸이 이원중

펴낸곳 지성사  출판등록일 1993년 12월 9일  등록번호 제10-916호
주소 (03408) 서울시 은평구 진흥로1길 4(역촌동 42-13) 2층
전화 (02) 335-5494  팩스 (02) 335-5496
홈페이지 지성사.한국 | www.jisungsa.co.kr  이메일 jisungsa@hanmail.net

© 강병국, 최종수 2008

ISBN  978-89-7889-183-7 (03470)

잘못된 책은 바꾸어 드립니다. 책값은 뒤표지에 있습니다.

이 도서의 국립중앙도서관 출판예정도서목록(CIP)은 서지정보유통지원시스템 홈페이지(http://seoji.nl.go.kr)와
국가자료공동목록시스템(http://www.nl.go.kr/kolisnet)에서 이용하실 수 있습니다.
(CIP제어번호: CIP 2008002902)

생명의 젖줄, 그 야생의 세계

# 낙동강 하구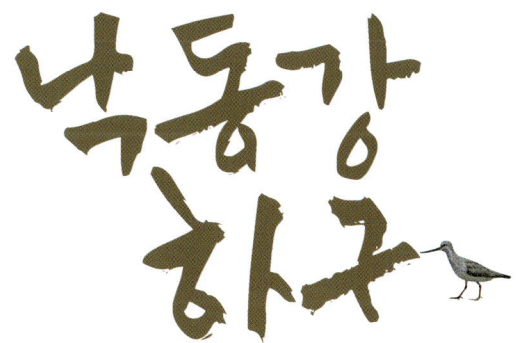

글 강병국 · 사진 최종수

contents

**프롤로그** · 6
생성과 소멸, 오고감이 반복되는 곳

생물종 다양성의 보고, 기수역 · 10
낙동강 하구, 그 생성과 흐름

환경가치 연간 513억 원 · 20
낙동강 하구 원형 잃으면 과거를 잃는 것

세계적 자연유산, 황금의 삼각주 · 30
낙동강 하구 왜 중요한가

생태계 파괴의 주범, 하구언 · 42
하구 생태계 복원, 자연 상태로 돌려야

수수만년 세월이 빚은 걸작, 모래섬 · 52
낙동강 하구 모래섬 이야기

새들의 낙원, 국제적으로 중요한 서식지 · 68
낙동강 하구의 새

갯가 식물의 천국, 수변식물의 보금자리 · 86
낙동강 하구의 식물

물고기와 새들의 먹이 공급처 · 100
낙동강 하구의 미세조류와 저서생물

바다와 강을 오가는 물고기들의 터전 · 110
낙동강 하구의 어패류

삵, 수달 등 멸종위기종 다량 서식 · 120
낙동강 하구의 포유류, 양서류, 파충류

담수역, 해수역, 기수역 서식 곤충 한눈에 · 128
낙동강 하구의 곤충

생태관광 무한한 가능성 · 136
정서 함양, 자연 소중함 일깨울 무대

넓은 가슴의 어머니 같은 곳, 하구 갯벌 · 144
약속의 땅, 낙동강 하구를 노래한 시

사진작가의 변 · 150
낙동강 하구, 미래는 있는가

에필로그 · 153
종(種) 보존 위해 어떠한 대가 치를 때

찾아보기 · 157

프롤로그

# 생성과 소멸, 고고감이 반복되는 곳

"단풍 든 숲 속에 두 갈래 길이 있더군요 / 몸이 하나니 두 길을 다 가 볼 수 없어 / 나는 서운한 마음으로 한참 서서 / 잣나무 숲 속으로 접어든 한쪽 길을 / 끝 간 데까지 바라보았습니다"
로버트 프루스트(Robert Frost)의 「가지 않은 길(The Road Not Taken)」

2003년 『우포늪』을 시작으로 『우포늪 가는 길』, 『한국의 늪』, 『주남저수지』, 『낙동강 하구』로 이어진 생태 보고서 시리즈는 사람들이 가지 않는 길을 가야 한다는 소박한 꿈에서 출발했습니다. 수많은 생명붙이들의 터전인 자연이 곧 우리의 꿈이자 미래이며, 상상력을 발휘하게 하는 무대이기 때문에 탐구할 만한 가치가 있다는 것을 증명해 보이고 싶었습니다.

자연을 접하고 사색하며 글을 써오는 동안 '생명과 자연보다 더 소중하고 아름다운 것은 없다'는 평범한 진리를 깨닫게 되었습니다. 하지만 책을 낼 때마다 그곳의 중요성과 수많은 생명체들의 특성을 밀도 있게 조명하지 못한 것이 부끄러움으로 남습니다.

　돈이 되는 것도 아니고 누군가 알아주는 일도 아닌데 왜 이 일을 계속하는지 걱정하는 이들도 있었습니다. 자신이 하지 않으면 누구도 하지 않을 일이기 때문에 저라도 해야 한다는 일종의 강박관념을 갖고 있었던 것이 사실입니다. "언제까지 그 일을 계속할 거냐"며 걱정하는 분들에게 저는 "순천만이 그 끝이 될 것"이라고 말합니다. 공교롭게도 우포늪과 주남저수지, 낙동강 하구, 순천만은 '2008 람사르협약 당사국 총회' 개최 시 공식 방문지로 우리나라를 대표하는 습지이기도 합니다.

　어떻든 습지여행은 제 삶의 중요한 부분을 차지할 것이며, 저의 습지지키기와 습지에 대한 탐구가 작은 밀알이 돼 수많은 사람들이 습지를 찾고, 습지를 사랑하며, 습지를 배우는 초석이 되기를 꿈꿉니다.

　인류 문명이 강가에서 시작되었고 바닷가에서 그 꽃을 피웠듯, 아무리 세월이 흘러도 물가에서는 아름답고 푸른 이야기가 쏟아지고, 사람과 뭇 생명체들이 찾아들 것입니다.

강물이 토사를 이끌어 아름다운 모래섬을 만들었습니다. 그곳은 생성과 소멸, 순환과 공존, 격동과 고요의 질서가 존중되는 공간입니다.

예나 지금이나 낙동강은 겨레의 젖줄이었고, 하늘이 내려준 강의 하구는 뭇 생명체들의 터전이 되었습니다. 낙동강은 을숙도와 그 주변의 섬들로 해서 비로소 완결되었습니다. 1,300리를 이어온 강물이 아무런 흔적 없이 바다로 가기엔 너무 허전했나 봅니다. 낙동강의 대미를 장식한 을숙도와 그 언저리의 크고 작은 섬들이 있었기에 수많은 생명체를 불러 모을 수 있었고, 모래알처럼 많은 이야기를 남겼으며, 시인과 묵객들의 발길을 멈추게 했습니다.

누만 년 동안 간직해온 원시의 하구는 2000년을 전후한 불과 30여 년 동안 돌이킬 수 없는 지경에 이르렀습니다. 새들이 가장 많았던 갈대밭 인적이 드문 곳에는 하구언 도로가 생겼고, 그것도 모자라 부산 강서구 명지동과 사하구 하단동을 잇는 명지대교가 건설되었습니다.

현란한 불빛에 새들은 어디로 가야 합니까? 이대로 가면 새들이 잠자고 물이 맑은 섬〔乙淑島〕이라는 이름은 하나의 전설로 남을지 모릅니다.

낙동강 하구를 바라보면 눈물이 납니다. 뭇 생명체들을 배려하지 않고 인간 중심의 삶을 살아온 것에 대한 죄책감 때문입니다. 우리는 그들에게 공간을 내주는 데 인색했고, 그들의 터전을 빼앗는 데 급급했으며, 개발이라는 미명 아래 칼을 휘둘렀습니다.

낙동강 하구, 드넓게 펼쳐진 이 지상의 낙원은 결코 우리만의 것이 아닙니다. 다음 세대도 변함없이 사랑하고, 수많은 생명체들이 즐겨 찾는 영원한 보금자리로 남아야 합니다.

2008년 여름 을숙도에서

강 병 국

# 생물종 다양성의 보고, 기수역

…낙동강 하구, 그 생성과 흐름

강물과 바닷물이 영광의 포옹을 하는 곳, 낙동강 기수역은 정부가 자연환경보전지역, 생태·경관보전지역, 습지보호구역, 문화재보호구역, 특별관리해역 등 여러 법으로 지정해 보호하고 있습니다. 생물종다양성의 보고인 만큼 이곳만은 꼭 지키고 보존해야겠다는 정부의 의지가 확고하다는 것을 엿볼 수 있습니다. 그러나 한 지역을 여러 개의 법으로 보호한다는 것은 그만큼 개발의 압력이 많다는 의미를 담고 있기도 합니다.

강원도 태백산 황지에서 발원해 경북과 대구·경남을 거쳐 부산까지 장장 521킬로미터를 여행한 강물이 바다를 만나는 곳, 강물의 끝자락이자 바닷물의 시작인 하구는 수많은 생명체가 더불어 살아가는 보금자리입니다.

낙동강 하구는 수심이 얕아서 밀물과 썰물 때 거대한 면적의 바닥을 드러냈다가 다시 물이 차오르기를 반복하면서 갑각류와 연체동물, 작은 어류들의 안식처가 되었습니다.

이들은 다시 새들은 물론 수많은 양서류와 파충류의 먹이가 되고, 포

1 을숙도에 세워진 '낙동강을 맑고 푸르게' 표지석에 하얀 눈이 쌓여 장관을 이루고 있다. 하구 주민들은 100여 년 만에 내린 폭설이라고 말한다.

2 물이 맑고 새들이 많다는 을숙도 최남단 철새들의 쉼터. 낙동강 하구를 찾아오는 철새들을 소개하는 안내판이 세워져 있다.

유류들은 또 이들을 잡아먹기 위해 몰려듭니다. 이처럼 하구는 먹이사슬이 잘 발달되고 식물들이 살아가기에 더없이 좋은 환경이 조성되어 생물종 다양성의 보고가 되었습니다.

수수만년 동안 뭍에서 밀려 내려온 토사는 기수역을 비옥하게 만들었습니다. 기수역은 화합과 일체, 그리고 순환의 고리입니다. 강물과 바닷물이 만나고, 바닷물은 증발해 구름이 되고 비가 되어 산과 들과 마음을 적신 후 다시 강으로 모여 바다에 합류합니다.

낙동강 하구의 면적은 9,560헥타르에 달합니다. 이는 인근의 창원 주남저수지 432헥타르보다 22배가량 넓은 면적입니다. 주남저수지가 내륙 철새 도래지로 동양 최대라면 낙동강 하구는 내륙습지와 연안습지(갯벌)를 통틀어 최대 규모의 철새 도래지입니다.

한반도의 대동맥인 낙동강이 바다와 만나면서 아름다운 모래섬을 만

1 멀리서 바라본 낙동강 하구언. 하구의 경관을 해치고 물고기와 새들의 서식지를 파괴하는 구조물이라는 비난을 사고 있다.
2 부산 사하구 하단동 을숙도 철새공원 안에 만들어진 낙동강하구에코센터. 생태 학습장으로 각광받고 있으며 탐방객이 꾸준히 늘고 있다.

2007년 6월 개관한 낙동강하구에코센터. 습지 체험에 나선 청소년들이 에코센터 내부를 둘러보고 있다.

들었습니다. 새들의 왕국으로 불리는 을숙도를 비롯해 일웅도, 장자도, 신자도, 진우도, 맹금머리등, 백합등, 도요등, 대마등 등 9개의 사주섬은 낙동강 하구의 보석입니다.

모래섬은 동식물이 사람들에게 간섭받지 않는 마지막 피난처이기도 합니다. 사람을 두려워하지 않는 동식물들의 진정한 낙원이라 할 수 있지요.

모래섬은 사람들의 발길이 거의 닿지 않기 때문에 새들에게는 번식지로, 갯가의 식물들과 곤충들에게도 더없이 좋은 서식환경을 제공하고 있습니다.

아름다운 낙동강 하구의 생태계가 결정적으로 파괴된 것은 1987년 축조된 하구언 때문입니다. 당시 정부(현 수자원공사)가 염분 피해를 막는다며 둑을 만들었는데 생태학자들은 하구언 건설이 하구 생태계 파괴의 전주곡이었다고 말합니다.

하구언이 건설되면서 뭇 생명체들의 땅, 을숙도가 섬이 아닌 육지로 변했고, 1990년대 들어서는 서부산권 개발계획이 추진되면서 갯벌매립이 가속화돼 장림·신호·녹산 공단이 들어섰고, 을숙도 한가운데에

낙동강 하구 을숙도 북단의 일웅도. 새들의 천국으로 다양한 철새들을 만날 수 있다.
2008년에는 대규모의 맹꽁이 서식지가 발견되어 학계의 관심을 모으고 있다.

개미취 꽃에 앉은 배추흰나비. 나비와 꽃은 상생의 상징이기도 하다.

    쓰레기 매립장이 만들어졌습니다. 선진국들이 생태계 복원에 나서고 있을 때 우리는 천혜의 자연경관을 갖춘 을숙도에 쓰레기 매립장 건설 공사를 벌였다는 사실이 부끄럽기만 합니다.

    생물종 다양성의 보고이자 생명의 소용돌이요, 살아있는 자연사 박물관인 기수역. 기수역은 때묻지 않는 원시 상태로 남아 있어야 합니다.

## 낙동강하구에코센터

낙동강하구에코센터는 낙동강 하구 체험학습과 보전을 위해 2007년 6월 을숙도 철새공원 내에 총면적 4,075제곱미터, 3층 규모로 건립되었습니다.

1층은 종합안내실, 교육실, 2층은 전시관, 탐조대, 체험존, 3층은 영상실로 꾸며져 있습니다.

에코센터를 방문하면 인공습지 안에서 먹이를 찾아 노니는 새들의 모습을 사계절 관찰할 수 있습니다.

에코센터 야외체험장으로는 기수염습지, 담수습지, 계절별 범람습지, 개방형 해수습지, 인공생태계, 갈대습지 등이 있어 다양한 체험학습을 할 수 있습니다.

야생동물치료센터와 각종 하구 탐방시설이 있어 국내외 탐방객이 많이 찾고 있습니다.

낙동강하구에코센터

…낙동강 하구 원형 잃으면 과거를 잃는 것

2007년 호서대 유승호 교수가 연구한 자료에 따르면, 낙동강 하구는 연간 513억 원의 가치가 있는 것으로 조사되었습니다. 이는 어로활동이 아닌 하구 생태계의 비시장적 공익 기능을 경제적 가치로 추산한 것이어서 실제 전체적인 가치는 1천억 원에 육박할 것이라는 주장이 나오고 있습니다.

이 같은 결과는 부산시 400가구와 전국 6대 도시 350가구 등 750가구를 설문조사해 산출한 것입니다. 낙동강 하구의 수질정화 기능과 조류 및 야생동물 서식지 기능, 여가 및 심미적 기능 보존을 위해 얼마의 세금을 추가로 부담할 수 있는지를 물었더니 가구당 2,457~3,560원을 더 낼 수 있다고 답했습니다. 여기에 전국 가구 수(1,598만 가구)를 곱해 총 부담액을 계산한 것입니다.

관광, 교육, 연구, 학습, 경관 등 하구가 지닌 무형의 가치를 수치화하기란 사실상 어렵습니다. 어떤 시인은 "낙동강 하구를 잃으면 먼 옛날을 들여다볼 수 있는 책을 잃어버리는 것"이라고 말합니다.

생태학자들은 1960년까지만 해도 낙동강 하구를 찾는 철새는 100만여 마리에 달했다고 합니다. 그러나 1987년 이후부터 하구언 건설에 따

| 1 | 2 |
|---|---|

1 일웅도에서 관찰된 쇠백로. 물고기를 입에 문 모습이 한가롭다.
2 낙동강 하구의 요정, 논병아리가 유유히 헤엄치고 있다.

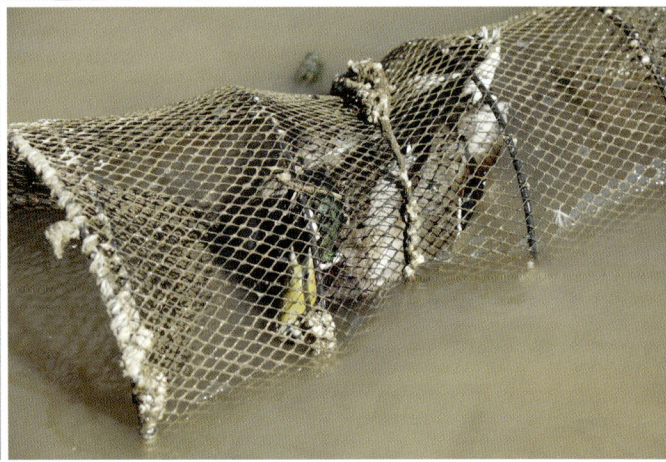

| 1 | |
|---|---|
| 2 | 3 |

1 한쪽 다리가 잘린 재갈매기가 일웅도 습지에서 한 발로 서 있는 모습이 우리를 슬프게 한다.
2 괭이갈매기 한 마리가 목에 낚싯바늘이 걸려 괴로워하고 있다. 내일을 기약할 수 없게 만든 낚시꾼이 원망스럽기만 하다.
3 통발에 걸린 청둥오리. 푸두둑 거리는 소리를 내며 날갯짓하기에 촬영 후 날려보냈다.

낙동강 기수역의 생태·경관 보전 및 보호 구역

(2008년 10월 현재)

| 구분 | 관련법 | 면 적 | 지정일 | 관련기관 |
|---|---|---|---|---|
| 자연환경 보전지역 | 국토의 계획 및 이용에 관한 법률 | 52.74km² | 1차 1987년 7월<br>2차 1988년 12월 | 국토해양부 |
| 생태·경관 보전지역 | 자연환경보전법 | 34.2km² | 1989년 3월 | 환경부 |
| 습지 보호구역 | 습지보전법 | | 1999년 8월 | |
| 문화재 보호구역 | 문화재보호법 | 231.9km² | 1966년 7월 | 문화체육관광부<br>(국가지정 문화재179호) |
| 특별관리해역 | 해양오염방지법 | 741.5km² | 1982년 10월 | 국토해양부 |

른 기수역의 변화, 각종 오염물질로 인한 수질 악화, 불법 어로 등으로 환경이 크게 교란되거나 파괴돼 하구가 제 모습을 잃어가고 있습니다.

강 하구에는 상류에서 영양물질이 많이 떠내려와 이곳 생물들에게 풍부한 먹이를 제공해줍니다. 눈에 보이지 않는 하등동물인 원생동물은 갯지렁이의 좋은 먹이가 되고, 갯지렁이는 붉은부리갈매기, 도요새, 물떼새 들의 먹이가 됩니다.

갈대숲과 물풀은 물고기들을 불러 모읍니다. 이들은 또다시 논병아리류와 오리류 들의 먹이가 되고, 맹금류는 또 이들을 잡아먹습니다. 먹고 먹히는 것은 하나의 현상에 지나지 않는다는 사실을 깨닫게 됩니다.

석양 무렵의 을숙도. 가을철 강아지풀 군락이 햇살과 어울려 한 편의 시를 떠올리게 한다. 낙동강 하구에는 이같은 아름다운 풍경이 곳곳에 널려 있다.

갯벌의 신사, 노랑부리백로. 환경부 지정 멸종위기종이자 천연기념물 361호로 낙동강 하구에서 종종 관찰된다.

학자들에 의하면 생명의 고리인 낙동강 하구 갯벌에는 모두 1천여 종의 생물이 사는 것으로 조사되었습니다. 하구 갯벌과 그 언저리는 조류와 어류, 패류, 양서 및 파충류, 갯지렁이류 등 수많은 생물들이 살아가기 좋은 환경을 갖추고 있습니다.

## 자연의 콩팥, 갯벌

콩팥(신장)이 신체의 노폐물을 걸러내듯, 갯벌은 육지의 오염물질을 거르기 때문에 '자연의 콩팥'이라고 합니다.

낙동강 하구 갯벌

갯벌은 바닷가에 펼쳐진 벌판입니다. 밀물과 썰물이 운반한 물질이 쌓여 이뤄진 해안 퇴적지형이지요.

또 육지와 바다가 만나는 곳으로, 둘 사이에서 완충역할을 합니다. 갯벌은 홍수가 생기면 다량의 물을 머금고 있다가 조금씩 흘려보내는 스펀지 역할을 합니다. 태풍의 충격을 흡수해 육지생태계를 보호하기도 합니다.

갯벌은 지구상에서 단위 면적당 개체수가 가장 많습니다. 학자들마다 연구 결과가 조금씩 다르지만 우리나라 갯벌에 서식하는 생물의 종수는 조사된 것만도 동물 687종, 식물 164종 등 총 851종에 달한다고 합니다. 갯벌은 육지와 하구, 바다에서 유기물을 공급받아 영양분이 그 어느 곳보다 풍부합니다.

갯벌은 장거리를 여행하는 철새들의 쉼터 역할도 하는데 이는 갯벌에 먹이가 많고 휴식을 취하기가 좋기 때문입니다.

# 세계적 자연유산, 황금의 삼각주

…낙동강 하구 왜 중요한가

우리나라를 대표하는 연안습지인 낙동강 하구는 보는 이들을 압도할 정도로 광활합니다. '남한에서 가장 긴 강'이라는 명성에 걸맞게 기수역에 거대한 삼각주를 만들었습니다. 여름철에는 시원하고 겨울철에는 잘 얼지 않는 기후 조건과 퇴적작용으로 이루어진 비옥한 삼각주는 드넓은 갈대숲과 모래섬을 만들었습니다.

상류에서 흘러온 풍부한 영양염류는 수많은 생명체들이 살기 좋은 여건을 만들었습니다. 낙동강 하구는 순천만 갯벌과 함께 우리나라의 대표적인 연안습지로 그 규모와 종 다양성 면에서 보전 가치가 매우 높습니다.

연안습지는 습지보전법에 의거해 만조 시에 수위선과 지면이 접하는 경계선까지의 지역으로, 특히 갯가식물과 갯벌생물이 살아가는 데 최적의 조건을 갖추고 있습니다.

1,300리(521킬로미터)를 굽이쳐 흐르던 강물이 기나긴 여정을 마치고 바다로 흘러드는 낙동강 하구에 언덕과 구릉을 만들고 커다란 모래톱을 형성했습니다. 자연이 빚은 작품인 모래섬에는 수많은 새들이 날아들고 헤아릴 수 없을 정도의 많은 게들이 갯벌을 수놓습니다.

뭍에서 바람을 타고 날아오거나 강물에 실려 온 씨앗들은 모래톱에

낙동강 하구의 보석 모래섬. 낙동강은 을숙도와 그 주변의 섬들로 인해 비로소 완결되었다.

겨울철에 찾아오는 천연기념물 제201-2호 큰고니의 좋은 먹이가 되는 세모고랭이

흩뿌려져 새 생명을 잉태시킵니다. 홍수가 나면 섬의 일부 또는 대부분이 물에 잠겨 생명체들에게 영원한 안식처는 되지 못하지만 보통 때에는 사람들의 발길이 닿지 않기 때문에 원시 그대로의 모습입니다.

멸종위기 II급 가시연꽃. 낙동강 하구 습지가 점점 육지화되면서 가시연꽃도 점차 개체수가 줄어들고 있다.

낙동강 하구는 우리나라에서 삼각주가 가장 잘 발달된 곳입니다. 하구 삼각주는 남북 16킬로미터, 동서 6킬로미터 정도로 드넓게 펼쳐져 있습니다. 광활한 기수역과 갯벌은 자연이 빚은 작품이 얼마나 위대한지를

**1** 연막지구에 흰 꽃을 피운 자라풀
**2** 낙동강 하구의 대표적 수중식물인 마름. 잎이 마름모처럼 생겼다 해서 붙여진 이름이다.

단적으로 보여줍니다.

　태평양으로 향해 돌출한 반도의 최남단에 위치해, 시베리아에서 호주에 이르기까지 철새들의 출입 관문이기도 한 낙동강 하구에는 플랑크톤이 많이 서식하고 저서생물과 물고기가 많아 이동하는 철새들이 풍부한 먹이를 구할 수 있게 해줍니다. 다른 여러 나라 습지와 연결돼 있는 국제적인 습지인 셈이지요.

　애기부들, 물옥잠, 노랑어리연꽃, 마름, 자라풀, 가시연꽃 등 많은 수중식물이 있고, 세모고랭이, 갈대, 천일사초, 우산잔디, 좀보리사초, 갯메꽃 등 갯가 식물들은 수많은 물고기와 곤충들을 불러 모읍니다.

　하구에 사는 말똥게, 도둑게, 엽낭게, 백합, 재첩, 빛조개 등은 갯벌을 더욱 건강하게 만드는 존재들입니다.

　낙동강 하구는 새들이 좋아하는 먹이의 생산지라는 점이 중요합니다. 하구 갯벌에는 바다와 강 상류에서 실려 온 영양분이 풍부해 새들의 먹이인 갯벌생물과 염습지 식물, 사구식물 등이 서식하는 데 알맞은 조건을 갖추고 있습니다.

　이와 함께 갯벌 바닥에 사는 규조류, 미생물 들과 갈대와 같은 염습지 식물이 유기물을 흡수·분해해 오염물질을 정화시켜주기 때문에 자연의 정화조 기능을 하기도 합니다.

　하구의 역할에서 또 중요한 것은 어류의 산란장이자 서식장소라는

진우도 모래벌판의 엽낭게. 게는 갯벌 생태계를 더욱 건강하게 해준다.

점입니다. 물이 얕은 곳이 많은 데다 갯가 식물과 수중식물이 많아 물고기들의 은신처로서 매우 적합한 환경을 갖추고 있습니다. 재첩과 개량조개(일명 갈미조개) 등의 서식지로도 안성맞춤입니다.

모래톱들이 만들어졌다가 사라지고 또 다시 만들어지는 낙동강 하구는 살아서 꿈틀거리는 생명의 땅입니다. 긴 여정을 끝낸 강물이 토사를 하류로 운반하고, 조석간만에 따라 간석지, 갯벌, 모래톱 등을 계속 만들어내기 때문에 여름철 홍수가 지난 후의 하구는 달라진 모습을 보여줍니다.

## 1930년대 유행가 「낙동강」

일제 강점기에 낙동강과 부산의 구포를 배경으로 한 「낙동강」이란 노래가 큰 인기를 누렸다고 합니다. 일제가 금지곡으로 지정하는 바람에 한동안 자취를 감췄던 이 노래를 2008년 5월 철학자 정종(1915년생, 전 동국대 교수) 님이 발굴해, 부산의 〈국제신문〉이 처음으로 보도했습니다.

정 옹은 "이 노래는 부산 경남 지역뿐 아니라 전국적으로 크게 유행했으며, 우리 민족의 애환이 서려 있는 곡"이라고 했습니다.

부산의 낙동문화원에서 이 노래 다시 부르기 사업을 하고 있다니 여간 다행한 일이 아닙니다.

총 3절로 이뤄진 이 노래의 가사는 다음과 같습니다.

(1절) 달빛 아래 칠백 리 낙동강변 너머로/
은혜로운 봄바람 한가히 불어들 제/
구포에 물레방아들은 목 놓아 우나이다

(2절) 봄철마다 울리는 아름다운 노래여/
만백성을 기르는 영원한 어머니라/
그대의 젖꼭지에 세월은 흐릅니다

(3절) 창포밭에 저 비석 제비똥 가득한데/
밭고랑에 청기왓장 간장을 끊는구나/
구포에 물레방아들은 예까지 오시나요

# 생태계 파괴의 주범, 하구언

…하구 생태계 복원, 자연 상태로 돌려야

1,300리 낙동강 물길의 흐름을 막는 하구언은 1983년 4월 착공해 1987년 11월에 완공되었습니다. 낙동강을 사이에 둔 부산과 경남을 잇는 교량 역할을 하고, 바닷물 역류로 인한 피해를 막아보자는 취지에서 건설되었습니다. 그러나 하구언은 강물의 자연스러운 흐름을 차단해 수질이 나빠지게 만들었으며, 각종 생물들의 이동을 막아 서식하는 동식물에게도 나쁜 영향을 미치고 있다는 것이 학자들의 견해입니다.

수문 개방에 따른 담수의 대량 방류는 기수역의 저염분화, 민물 치어들의 서식지 파괴, 어패류의 집단 폐사 등의 원인이 되고 있습니다.

더욱이 홍수를 방지한다는 이유로 하구언 내외의 퇴적 모래를 파낸 것은, 수중 생태계를 교란하고 어패류를 감소시켜 하구를 찾는 철새 개체수를 줄어들게 하는 요인이 되고 있습니다.

이와 함께 강물의 흐름이 느려 정체되면서 맹독성 물질을 함유한 여름철 남조류가 생기고, 유해 오염물질이 강바닥에 쌓이면서 오염현상이 심화되고 있다는 것이 학자들과 환경 전문가들의 지적입니다.

하구언 건설로 인해 우리의 이상향이자 지상의 낙원으로 여겨졌던 을숙도는 섬에서 육지로 변했습니다. 하구언 건설 이후 을숙도는 휴양·생태 이미지가 크게 훼손되면서 아름답고, 자연스러운 멋이 사라지고 말았습니다.

낙동강 하구언은 부산시 사하구 하단동과 강서구 명지동 사이의 하구 2,400미터를 막아 만든 거대한 둑입니다. 하구언 510미터에는 여름철 우기에 발생하는 홍수 처리를 위해 47.5미터의 수문 10개소와 너비 9미터 깊이 50미터의 갑문을 설치했습니다.

정부와 부산시, 수자원공사 등이 주장하는 경제적 이익이란 연간 6억 5천만 톤의 생활용수와 공업용수, 농업용수를 인근 지역에 공급한 점을 들고 있습니다.

일웅도의 낙동강 하구 공사 준공 탑. 그러나 하구언은 자연환경을 훼손한 대표적인 구조물로 인식되고 있다.

그러나 하구 일대에서 파낸 흙으로 낙동강 배후습지 330헥타르를 메우는 바람에 습지가 간척지로 변했고, 하구언 위에 너비 18미터의 4차선 도로가 건설되어 하구의 아름다움을 잃게 되었습니다. 또 이로 인한 낙동강 삼각주 평야지역 개발이 가속화되어 생태계를 파괴시키는 전주곡이 되었습니다. 경제개발 이후의 환경파괴 문제에 대한 의견이 무시된 결과입니다.

정부는 당초 낙동강 하구언 건설 이후 맑고 깨끗한 용수 공급을 기대했으나 오히려 수질이 악화되어 산업발전과 국민생활 수준 향상에 따른 질 좋고 풍부한 용수 공급은 기대할 수 없게 되었습니다.

하구언은 무엇보다 물길을 막고 도로를 내 수많은 생명체들의 길을 차단시켜, 생태계를 교란시키고 파괴시키는 결과를 낳았습니다. 우리 후손들에게는 부끄러운 일로 기억될 것입니다.

강 하류를 댐처럼 가로질러 막은 하구언은 자연생태계 보전은 염두에

을숙도에 낙동강하구에코센터가 들어서면서 만들어진 도로와 가로등

낙동강 하구 북단 일웅도는 쇠제비갈매기의 번식지였지만 모래 채취로 인해 번식지가 위협받고 있다.
머잖아 쇠제비갈매기가 둥지를 틀 자리를 잃을지도 모른다. 포클레인과 둥지가 극명한 대조를 보이고 있다.

두지 않고 경제적 이익만을 추구한 것으로, 득보다 실이 더 많다는 것을 웅변해주고 있습니다.

따라서 일부 학자들은 낙동강 하구언의 무용론을 주장하고 있고, 어떤 학자들은 하구언 수문을 상시 개방하되 교량은 그대로 두자는 의견을 내놓기도 합니다.

담수역과 해수역을 갈라놓는 거대한 축조물 낙동강 하구언. 자연 생태계를 감안하지 않는 인간 위주의 시설물로 하구 생태계에 돌이킬 수 없는 잘못으로 기록되고 있다. 학자들은 이 구조물을 걷어내고, 늘어나는 교통량은 해저터널을 만들어 소화해야 한다고 지적한다.

낙동강 하류 수질 오염의 요인은 상류 지역의 오염 부하보다 하구언에 의한 흐름의 정체 현상이 더 큰 문제로 지적되고 있습니다.

해양 생물학자들은 하구언 건설로 해수와 담수가 혼합하지 못해 기존의 기수역에서 서식하는 미생물과 동식물 플랑크톤이 담수역에서 서식하는 종으로 변한다는 주장을 펴고 있습니다.

무엇보다 강과 바다를 오가는 회유성 어류는 하구언이라는 장애물에 막혀 강에서 바다, 바다에서 강으로 순조롭게 이동하지 못합니다. 회유성 어류들은 강과 바다를 오갈 때 염분 농도에 적응해야 하기 때문에 넓은 기수역이 필요합니다. 학자들은 하구언이 생기기 전에는 부산의 구포에서 명지·장림까지, 갈수기 때에는 경남 밀양의 삼랑진까지 폭넓은 기수역이 있었다고 말합니다.

결국 하구언 건설은 자연경관을 해치고 철새들의 서식공간을 빼앗는 것은 물론 조수 간만에 따라 하구의 상하로 물의 소통이 원활했던 기수역을 아래쪽은 해수역으로, 위쪽은 담수역으로 갈라놓고 말았습니다. 수중 생태계를 교란시키거나 파괴시켜 먹이사슬의 균형을 무너지게 한 것입니다.

낙동강 하구언 구조물에 괭이갈매기 무리가 앉아 쉬고 있다.

## 우리나라의 하구, 크고 작은 330여 개 산재

우리나라는 삼면이 바다로 둘러싸여 있어 하구가 많습니다. 무려 330여 개에 달한다고 하네요.

서해안의 한강과 금강 하구, 남해안의 낙동강과 섬진강 하구 등은 물이 흐르는 면적은 넓지만 강과 바다가 만나는 부근에 있는 큰 산줄기 때문에 물이 흐르는 수역이 좁아지는 형태입니다. 따라서 이들 하구에는 삼각주, 갯벌, 자연제방 등이 잘 발달돼 있습니다.

낙동강 하구

서해안 새만금의 만경강과 동진강, 영산강 등은 하구 앞바다에 만이나 많은 섬이 있고, 조석의 차이에 의해 갯벌이 넓게 분포하고 있습니다.

동해안의 하구는 서해안과 남해안의 하구에 비해 규모가 매우 작고, 조석의 차이가 작은 단순한 형태입니다.

한강, 금강, 낙동강, 영산강 등 우리나라 4대 강 중 한강에만 둑이 없고 나머지 강에는 모두 하구언이 있습니다. 둑은 바닷물과 강물을 갈라놓기 때문에 기수역이 크게 줄어 강과 바다를 오가는 생물들에게 큰 위협이 됩니다. 학자들은 하구언이 자연생태계를 가장 많이 파괴하는 구조물이라고 합니다.

수수만년 세월이 빚은 걸작, 모래섬

… 낙동강 하구 모래섬 이야기

강물은 오랜 세월 동안 수많은 토사를 하구로 실어 날랐습니다. 특히 홍수 때에는 엄청난 양의 모래와 흙이 하구로 쏟아져 내려와 갖가지 형태의 섬을 만들었습니다. 모래섬(사주)은 인간의 발길을 거부해왔기에 독특한 환경이 형성되었고, 많은 생물이 안심하고 살아갈 수 있는 터전이 되었습니다.

낙동강 하구의 섬 중 토지대장에 등재돼 있는 섬은 육지화된 을숙도와 일웅도를 빼고 진우도, 신자도, 도요등, 백합등, 맹금머리등, 대마등,

장자도 등 7개 섬이며, 2008년께부터 2개의 모래섬이 다시 생겨났으나 아직 이름이 붙여지지 않았습니다.

낙동강 하구에서 가장 큰 섬은 을숙도입니다. 새〔乙〕가 많고 물 맑은〔淑〕 섬〔島〕이라 해서 붙여진 이름이지요. 그러나 지금은 안타깝게도 육지로 연결되어 더 이상 섬이 아닙니다. 한때 사람들의 이상향이었던 을숙도는 인간의 탐욕에 그렇게 개발되었습니다. 학자들은 새들을 비롯한 수많은 동식물을 위해 젖과 꿀이 흐르는 땅 을숙도를 그냥 두었어야 한다고 말합니다.

을숙도는 일웅도의 남단에 있는 사주로 면적은 약 269만 제곱미터 정도입니다. 육지화된 이후 빠른 속도로 도시화가 진행되어 옛 모습을 찾아보기 어렵습니다. 운동장, 쓰레기매립장(1, 2차), 자동차극장, 문화회

을숙도에서 바라본 일웅도. 좀처럼 내리지 않는 폭설이 낙동강 하구를 뒤덮어 시적인 분위기를 자아낸다.

관 등이 들어서면서 을숙도의 아름다움은 크게 퇴색되었습니다. 또 생태학습관, 야외학습장, 탐조시설 등이 생기면서 많은 탐방객이 찾아 조류 서식지를 어지럽히고 있습니다.

**일웅도**는 을숙도와 연결된 부분을 제외하면 모두 해수역이나 기수역이 아닌 담수(민물)역으로 둘러싸여 있습니다. 해수역과 기수역, 담수역

을 연결해주는 아주 중요한 역할을 하지요.

　낙동강 하구에는 많은 담수습지들이 매립과 개발로 인해 사라졌기 때문에 담수지역을 선호하는 조류들은 일웅도를 기착지로 이용합니다. 따라서 일웅도 주변 수역은 담수역을 선호하는 겨울 철새의 월동지로서 하구에서 관찰하기 어려운 다양한 종류의 새들을 볼 수 있습니다. 특히 가마우지류와 갈매기류를 관찰하기 좋은 곳입니다.

낙동강 하구 사주섬의 생성 연대 (일부는 추정)

| 연 도 | 모래섬 명 |
|---|---|
| 1861년 이전 | 명호도(현 명지) |
| 1904년 이전 | 일웅도, 을숙도 |
| 1916년 이전 | 진우도, 대마등 |
| 1955년 이전 | 장자도 |
| 1970년 이전 | 신자도, 백합등 |
| 1985년 이전 | 도요등 |
| 1989년 이전 | 맹금머리등 |

**맹금머리등**은 원래 을숙도와 연결돼 있었으나 1987년 하구언이 만들어진 후 하구언의 수문을 개방할 때 원활한 물의 소통을 위해 직선으로 수로를 만들면서 을숙도에서 잘라져 분리된 섬입니다.

그래서 소을숙도라고도 하고 한때 명금류가 많이 살았다고 해서 일명 맹그머리, 명그머리라고 불리기도 합니다. 1989년 이전에 섬이 출현한 것으로 추정되고 있습니다.

**백합등**은 맹금머리등과 도요등 사이에 있는 ㄷ자 모양의 사주입니다. 다른 사주와 달리 소나무와 아카시나무가 산재해 있습니다. 그 옛날 사주 주변에 백합이 많다고 해서 백합등이라 부르게 되었습니다. 또 홍수가 나면 강 상류에서 떠내려온 나무들이 이 섬에 많이 모인다고 해서 나

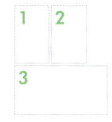

1 도요등을 찾아온 학도요
2 연막지구에서 먹이를 찾는 좀도요
3 낙동강 하구 사주는 여러 나라를 옮겨 다니는 도요새류의 중간기착지로 매우 중요한 지역이며 특히 백합등에는 민물도요를 비롯한 다양한 도요류가 찾아온다.

무싯등으로 불리기도 했습니다. 현지 어민들은 사자도, 사자등이라고 부르기도 합니다. 사주에 접근하기가 어려운 관계로 생태계가 잘 보전돼 있습니다. 1955년경 섬이 생긴 것으로 추정됩니다.

**도요등**은 1990년대 초에는 신자도 건너편 간조 때 나타나는 작은 사주였으나 점점 길어져 지금은 다대포 소각장 앞에 길게 뻗어 있습니다.

도요등은 도요새가 많다고 해서 붙여진 이름입니다. 만조 때는 도요, 물떼새류의 휴식처가 되고, 여름철에는 쇠제비갈매기와 흰물떼새의 집단 번식지가 되고 있습니다.

이곳에서는 겨울철에는 청머리오리, 바다비오리, 검은머리흰죽지 등을 관찰하기 좋습니다. 1986년경 섬이 출현한 것으로 추정됩니다.

대마등은 명지주거단지에서 가장 가까운 곳에 위치해 있으며, 섬의 가운데에 인공 못을 만들어 물새들이 쉼터로 이용하고 있습니다.

활처럼 굽어 있는 대마등의 남단은 특히 겨울철에 많이 부는 북동풍을 피할 수 있는 지역으로 고니류와 기러기류, 오리류 들이 먹이를 찾는 곳입니다. 또 환경부 지정 멸종위기야생동식물인 개리, 노랑부리저어새, 물수리, 매 등을 관찰할 수 있는 지역입니다.

대마등의 남서쪽은 간조 때 넓은 갯벌이 드러나 도요류, 물떼새류, 저어새류, 검은머리갈매기 들이 채식지로 이용합니다. 대마등은 1904년경 출현한 것으로 추정되고 있습니다.

쇠제비갈매기의 새끼 사랑. 물고기를 잡아 새끼에게 먹이는 것보다 더 아름다운 모습이 있을까. 여름 모래밭은 번식을 위한 새들의 아름다운 몸짓으로 더욱 뜨겁게 달아오른다.

신자도는 낙동강 하구 최남단의 다대포 앞 도요등과 진우도 사이와 장자도 하단에 있는 3.5킬로미터나 되는 긴 섬입니다.

1997년 이전에는 낙동강 하구 최남단의 사주로 쇠제비갈매기와 물떼새류의 집단 서식지인 동시에 갈매기류의 휴식처였습니다. 그래서 일명 갈매기등으로 불려지고 있습니다. 또 철새들이 많이 몰려와 새등, 길다고 해서 십리등이라고도 부릅니다. 신자도는 1916년경 출현한 것으로 추정됩니다.

장자도는 신자도와 대마등 사이에 있습니다. 겨울에 김을 건조하기 위한 움막의 흔적이 남아 있으며, 1990년대 초에는 농사를 짓기 위해 밭을 일구던 때도 있었지만 지금은 사람의 출입이 거의 없어 원시성을 유지하고 있습니다. 장자도는 1916년경 출현한 것으로 학자들은 보고 있습니다.

진우도에는 물길을 따라 본류와 연결되는 소형의 뱃길(일명 장림골)이 있는데, 이곳이 아주 일품입니다. 뱃길을 이동하면서 장자도의 상단부를 관찰하는 것은 낙동강 하구 탐조의 백미로 꼽히고 있습니다.

이곳에서는 오리류와 도요새류, 저어새류, 고니류, 기러기류 등 다양한 새들을 관찰할 수 있습니다. 1904년경 출현한 것으로 추정됩니다.

물떼새류와 도요새류의 번식지로 각광받고 있는 일웅도, 꼬마물떼새가 모래밭에 4개의 알을 낳고 부화 중이다.

1 낙동강 하구 일웅도는 흰물떼새의 번식지로 많은 새들이 찾는다. 4~5월 모래밭에 주로 3개의 알을 낳는다.
2 흰물떼새 알
3 알을 품고 있는 흰물떼새
4 태어난 지 2일 된 흰물떼새 유조
5 훌쩍 자란 흰물떼새 유조

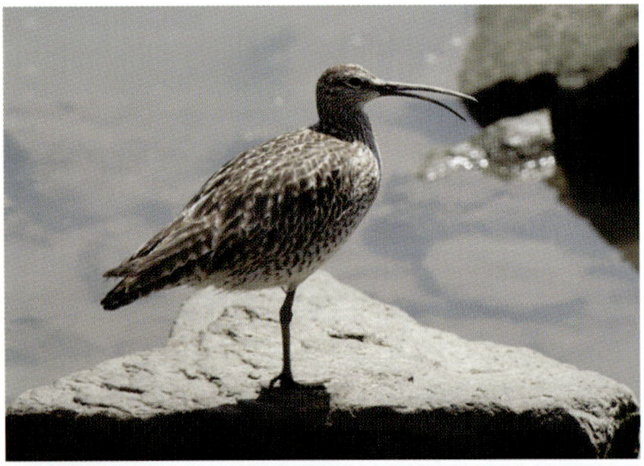
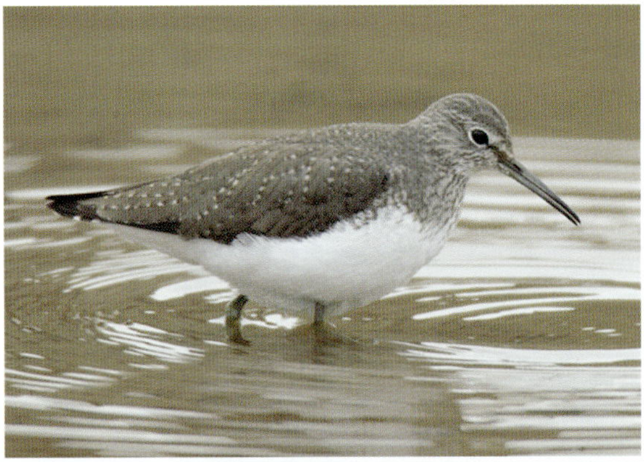
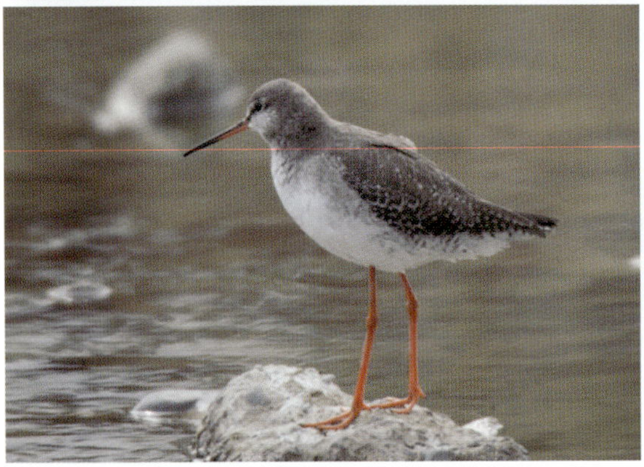
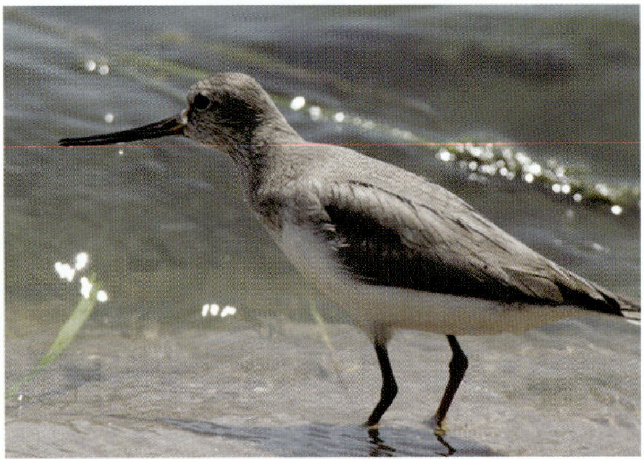
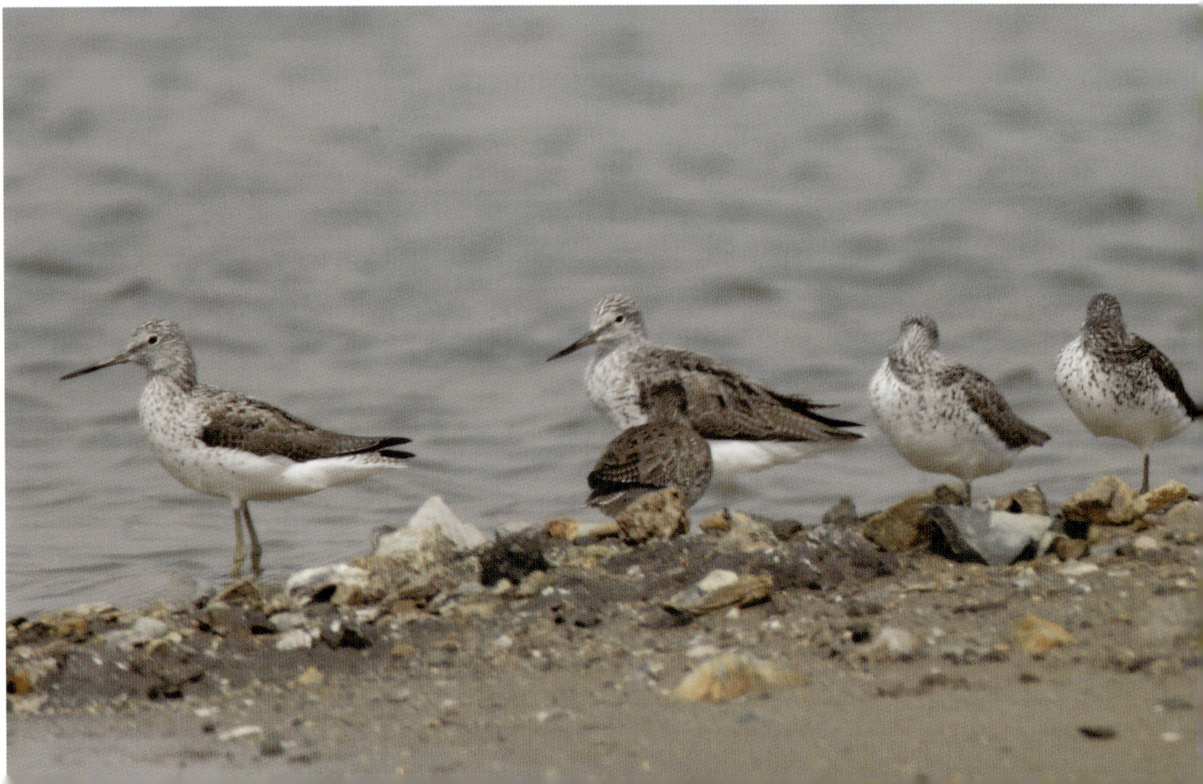

| 1 | 2 | 6 | |
|---|---|---|---|
| 3 | 4 | 7 | 8 |
| 5 | | | |

**1** 중부리도요  **5** 노랑발도요
**2** 삑삑도요  **6** 꺅도요
**3** 학도요  **7** 깝작도요
**4** 뒷부리도요  **8** 청다리도요

# 새들의 낙원, 국제적으로 중요한 서식지

… 낙동강 하구의 새

낙동강 하구는 우리나라뿐 아니라 국제적으로 중요한 철새 도래지입니다. 철따라 이동하는 새들에게 국경이 있을 수 없습니다. 어느 한 지역이 오염되면 철새들의 생존이 위협받기 때문에 우리나라 땅이지만 우리가 마음대로 개발해 철새 서식지를 위협하거나 파괴해서는 안 됩니다.

세계와 연결된 생명 고리인 낙동강 하구는 철새 도래지로서 천혜의 조건을 갖추고 있습니다. 을숙도를 비롯해 장자도, 신자도, 진우도, 대마등, 백합등, 도요등, 맹금머리등 등의 삼각주 주변은 수심이 얕고 담수와 해수가 교류하는 데다 곳곳에 갈대숲이 무성한 조간대(갯벌)가 넓게 발달해 소형 어류와 연체동물, 절지동물 등 새들의 먹이가 풍부합니다.

또한 낙동강 하구는 한반도의 최남단에 위치해 있어 대양을 건너서 이동하는 철새의 관문이자 기착지여서 새들에게 더 없이 중요한 곳입니다. 겨울에는 따뜻하고 여름에는 시원해서 겨울새의 월동지, 여름새의 번식지로 각광을 받고 있지요. 먹이 조건, 지리, 기후 조건 등 3박자가 갖춰져 새들에게 이보다 더 좋은 서식 환경은 없다고 해도 좋을 것입니다.

그러나 1990년 이후 급격한 산업화와 도시화에 따른 개발이 가속화되면서 서식지가 크게 줄어들고, 소음과 각종 오염물질 등으로 새들은

진우도의 갈대숲. 한 척의 배가 누군가를 기다리고 있는 듯하다. 갈대숲이 습지의 신비를 더해주고 있다.

생존에 큰 위협을 받고 있습니다.

낙동강 하구에 사는 텃새와 이곳을 찾는 철새는 조사자에 따라 큰 차이를 보입니다. 생태전문가인 우용태 조류학자를 비롯한 학자들과 부산발전연구원 등 연구조사기관 등의 의견을 종합해보면 최대 310종이 서식하는 것으로 추정됩니다.

현재 우리나라에서 관찰되는 조류가 450여 종인 점을 감안하면 낙동강 하구에서는 대부분의 새를 볼 수 있다는 것을 알 수 있습니다.

낙동강 하구에 분포하는 새의 개체수는 1990대 후반까지만 해도 최대 100만여 마리였으나, 지금은 철새들의 월동 환경이 나빠져 한 해 평

검은딱새의 우아한 자태. 마치 예술가의 손에 빚어진 작품처럼 아름다운 모습이다.

억새 끝에 매달려 있는 노랑턱멧새. 우리나라에서 흔히 볼 수 있는 텃새로 을숙도를 비롯한 모래섬 풀숲에서 자주 관찰된다.

균 40만여 마리로 줄었습니다.

낙동강 하구를 찾는 주요 철새는 도요과가 34종으로 가장 많고, 오리과가 33종, 맹금류인 수리과 21종, 지빠귀과 15종, 백로과 14종, 갈매기과 13종, 휘파람새과 11종, 되새과 9종, 물떼새과와 할미새과가 각각 8종 순으로 조사되었습니다. 이밖에도 많은 새들이 낙동강 하구를 찾지만 정확한 조사는 이뤄지지 않고 있습니다.

이들 조류 중 국제적으로 중요한 새로는 저어새, 넓적부리도요, 매,

개리, 재두루미, 검은머리갈매기 등이 있습니다.

   전 세계에서 1천 마리 정도밖에 없다는 저어새는 겨울에 낙동강 하구에서 자주 목격되며, 3천여 마리 이하가 생존하는 것으로 추정되는 넓적부리도요는 신자도 등지에서 가끔 관찰됩니다. 또 지구 상에서 5천여 마리가 남아 있다는 개리, 7천여 마리가 있다는 재두루미, 8천여 마

겨울철새이며 잠수성 오리류인 댕기흰죽지. 한가롭게 헤엄치고 있는 모습이 평화롭다.

리가 남아 있을 것으로 추정되는 검은머리갈매기 등도 낙동강 하구를 찾는 진귀한 철새입니다.

   2008년 7월에는 긴꼬리제비갈매기가 발견돼 학계의 관심을 모으고 있습니다. 긴꼬리제비갈매기는 중국 남부 해안, 일본 류쿠열도, 필리핀, 솔로몬 제도 등 열대 및 온대 해안지역에 서식하며 개체수가 적은 세계적 희귀종입니다.

환경부 지정 멸종위기 야생 동식물 Ⅰ급으로 검독수리, 참수리, 매, 청다리도요사촌 등도 낙동강 하구를 찾습니다. 멸종위기 Ⅱ급인 흑기러기, 큰기러기, 개리, 고니, 큰고니, 가창오리, 물수리, 솔개, 말똥가리, 흰죽지수리, 잿빛개구리매, 개구리매, 검은머리물떼새, 알락꼬리마도요, 검은머리갈매기 등 국제적으로 중요한 종을 포함해 총 15종에 이르는 것으로 조사되었습니다. 특히 낙동강 하구는 물고기가 많고 텃새와 철새들이 많아 이들을 먹이로 하는 맹금류의 천국입니다.

생태 전문가들은 다양한 종류의 새를 관찰하기 위해서는 을숙도로, 많은 개체수를 보기 위해서는 봄·여름에는 백합등과 도요등으로, 가

겨울철새인 붉은부리갈매기. 물이 빠진 을숙도의 갯벌에서 먹이를 찾고 있다.

을에는 을숙도로, 겨울에는 대마등으로 가는 것이 좋습니다.

낙동강 하구의 철새 서식환경이 나빠지는 가장 큰 이유는 먹이의 감소 때문입니다. 담수와 해수가 교류하는 거대한 기수역은 수심이 얕고 조간대가 발달해 각종 소형어류와 갑각류, 연체동물 등 철새들의 먹이가 풍부했으나 하구언 건설 이후 담수와 해수의 교류가 차단되면서 어류의 회유가 막혀 새들의 먹이가 되는 수중 생물이 급격히 줄어드는 실정입니다. 여기다 강의 상류와 지류로부터 유입되는 공장폐수, 생활하수, 농약 등도 새들의 먹이가 줄어드는 요인으로 꼽히고 있습니다. 또 하구 곳곳에 설치된 불법 정치망은 어린 물고기까지 씨를 말리는 무서운 살상무기가 되고 있습니다.

일부 주민들은 수심이 얕은 곳에 조개 및 재첩을 양식한다며 새들이 조개를 잡아먹지 못하게 넓은 수면을 그물로 덮어 철새들의 접근을 막고 있습니다. 새들의 활동 공간을 빼앗고 있는 셈이지요.

또 조개 채취선이 강바닥을 마구 긁어내고, 강력한 물 펌프로 강바닥을 뒤집어 저서생물의 서식환경을 파괴하고 있습니다. 일부 김 양식업자들은 김의 질을 높인다는 이유로 많은 양의 염산(HCl)을 수중에 투입하는데, 이로 인해 수질이 악화되고 플랑크톤의 서식이 불가능하게 되어 먹이사슬이 파괴되는 등 수중 생태계의 질서가 뿌리째 흔들리고 있습니다.

양식하는 김을 뜯어 먹고 조개를 파먹는 철새들을 쫓아버리기 위해

| 1 | 2 |
|---|---|

1 진우도에서 관찰된 멸종위기 II급인 알락꼬리마도요. 물이 빠지자 갯벌에서 먹이를 찾고 있다. 알락꼬리마도요는 세계적인 희귀종이다.
2 을숙도 습지를 배회하며 먹이를 찾고 있는 밭종다리

| 1 | |
|---|---|
| 2 | 3 |

1 물고기잡이 명수로 불리는 물총새. 나뭇가지에 앉아 있다가 물고기가 보이면 쏜살같이 날아가 물고기를 사냥한다.
2 여름의 전령사 개개비. 수컷이 갈대 줄기에 앉아 암컷을 유혹하고 있고 암컷은 깃털을 다듬고 있다.
3 일웅도의 귀제비. 일반 제비와는 달리 둥지를 터널처럼 짓는다. 건물의 처마 밑에 둥지를 튼다.

작업선과 소형 어선들이 굉음을 내면서 빠른 속도로 질주하는 행위는 새들을 불안하게 하고 서식환경을 빼앗는 결과를 낳고 있습니다. 또 수면상의 폐선이나 수변 등 곳곳에 자동폭발음 장치를 설치하여 새들을 쫓는 행위, 그리고 홍수 때 떠내려오는 각종 쓰레기도 철새들의 서식환경을 위협하는 요인이 되고 있습니다.

따라서 낙동강 하구를 철새들의 낙원으로 보존하기 위해서는 수질오염을 막고, 불법 어로행위를 근절하는 한편, 쓰레기 제거, 새들의 서식공간에 대한 출입제한 등 제도적인 장치가 마련되어야 합니다.

낙동강 하구를 찾는 대표적인 **겨울철새**는 고니, 큰고니, 큰기러기, 쇠기러기, 개리, 재갈매기, 붉은부리갈매기, 검은머리갈매기, 민물가마우지, 댕기물떼새 그리고 오리류로 쇠오리, 혹부리오리, 홍머리오리, 알락오리, 넓적부리 등을 들 수 있습니다.

**여름철새**는 쇠제비갈매기, 해오라기, 흰물떼새, 쇠백로, 중대백로 등이며 낙동강 하구에 잠시 쉬었다 가는 **나그네새**로는 검은머리물떼새, 왕눈물떼새, 제비갈매기와 도요류인 세가락도요, 청다리도요, 민물도요, 좀도요, 뒷부리도요, 깝작도요, 마도요, 알락꼬리마도요, 붉은어깨도요 등입니다.

사계절 내내 볼 수 있는 **텃새**는 왜가리, 흰뺨검둥오리, 물닭, 괭이갈매기, 매, 황조롱이 등입니다.

#### 낙동강 하구의 갈매기들
낙동강 하구는 물새들의 천국으로 특히 다양한 갈매기류를 관찰할 수 있다. 겨울철새인 붉은부리갈매기는 낙동강 하구의 대표 갈매기로 많은 개체수가 서식하고 있으며 우리나라에서 집단적으로 번식하는 텃새인 괭이갈매기도 을숙도에서 쉽게 관찰된다.
붉은부리갈매기가 털을 고르며 휴식을 취하고 있다.

1 큰재갈매기
2 괭이갈매기
3 제비갈매기

**낙동강 하구의 저어새류**
부리를 이리저리 저어서 먹이를 찾는 저어새와 노랑부리저어새. 겨울철새인 두 종 모두 천연기념물로 보호받고 있으며 낙동강 하구에서 자주 목격된다.

1 노랑부리저어새는 천연기념물 205-2호로 환경부 지정 멸종위기 동식물 Ⅰ급이다.
2 저어새는 천연기념물 205-1호로 멸종위기 동식물 Ⅰ급이다. 학자들은 저어새류는 부리를 이리저리 저어서 먹이를 찾기 때문에 다른 새보다 빨리 멸종될 가능성이 높다고 보고 있다.

**낙동강 하구의 할미새들**
할미새류는 주로 물가에서 생활하며 땅 위나 갯벌, 모래 위를 걸어다니며 곤충류를 잡아 먹는다. 앉아 있을 때는 꼬리를 아래 위로 잘 흔드는 것이 특징이며 날아갈 때에는 파도 모양으로 날아간다. 백할미새는 겨울철새이며 알락할미새와 비슷하게 생겼다.

| 1 | |
| 2 | |

1 노랑할미새
2 알락할미새

# 갯가 식물의 천국, 수변식물의 보금자리

··· 낙동강 하구의 식물

하구에는 숲이나 내륙습지에서와는 또 다른 식물들이 분포하는데 이들을 새와 물고기, 수서곤충 들의 먹이가 되고 은신처가 돼줍니다.

낙동강 하구에는 갯가 식물이 많은데, 이곳에서 서식하는 식물 중 '갯' 자가 들어가는 이름만 해도 갯버들, 갯능쟁이, 갯개미자리, 갯무, 갯완두, 갯당근, 갯방풍, 갯메꽃, 갯질경이, 갯쑥부쟁이, 갯개미취, 갯

낙동강 하구에는 다양한 습지식물이 서식한다. 갈대, 여뀌, 세모고랭이, 보풀 등을 쉽게 볼 수 있는 대표적인 식물이다.

고들빼기, 갯씀바귀, 갯조풀, 갯드렁새, 갯보리, 갯댑싸리, 갯잔디 등 18가지나 됩니다.

   하구는 이들 갯가 식물들에게 서식하기에 더없이 좋은 환경을 제공해주고 있습니다. 곳곳에 자리 잡은 갈대 군락과 세모고랭이 군락은 어패류와 곤충, 새들의 먹이가 되거나 산란처 또는 서식지가 되어 종 다양성을 풍부하게 해줍니다.

   세모고랭이는 물새들의 먹이가 되는데 지상부나 얕은 층의 덩이줄기(괴경)는 오리와 기러기류가 먹고, 깊은 층의 덩이줄기는 고니류가 먹습

니다.

　학자들은 낙동강 하구에 터를 잡고 사는 식물을 360여 종으로 보고 있습니다. 지역별로는 을숙도에 350종, 장자도 57종, 백합등 56종, 대마등 54종, 신자도 41종, 도요등 25종 순입니다. 이들 사주섬 외에도 맹금머리등과 진우도에도 이들과 비슷한 종류의 식물이 서식하는 것으로 조사되었습니다.

　밀물과 썰물이 주기적으로 드나들어 염분의 영향을 받는 낙동강 하구에는 염습지(갯벌) 식물이 많습니다. 천일사초, 갯잔디, 갯질경, 칠면초 등이 대표적이라 할 수 있습니다.

　또 해안에 쌓인 모래언덕에서 자라는 식물(사구식물)로는 갯완두, 갯씀바귀, 좀보리사초, 통보리사초, 갯메꽃, 우산잔디 등을 들 수 있습니다. 하구에서 저절로 나서 보호받지 않고 자연상태 그대로 자라는 식물

낙동강 하구 진우도에는 갯잔디가 폭넓게 서식하고 있다.

낙동강 하구의 염생식물들. 염분이 많은 기수역 등지에서 자라며 일웅도와 을숙도 등 하구 사주섬에는 염생식물의 천국이라 할 정도로 종이 다양하다.

| 1 | 2 |
|---|---|
| 3 | 4 |

1 해당화
2 갯메꽃
3 퉁퉁마디
4 갯사초

(자생식물)로 산조풀, 여뀌, 꽃마리 등을 꼽을 수 있습니다.

하구에서 자라는 수중식물로는 갈대, 세모고랭이, 자라풀, 부들, 줄, 노랑꽃창포, 노랑어리연꽃, 물수세미, 물옥잠, 마름, 개구리밥, 수련, 가래, 생이가래, 붕어마름, 검정말, 나사말, 애기거머리말, 가시연꽃 등이 많이 관찰됩니다.

수중식물 가운데 정수식물(뿌리는 땅속에 있고 줄기와 잎은 수면 위에 있음)은 부들, 애기부들, 벗풀, 줄, 갈대, 매가리, 큰고랭이 등 7종이 분포하는 것으로 확인되었습니다. 이 중 가장 넓게 분포하는 우점종은 볏과의 갈대입니다.

하구 연막지구 습지에 만발한 노랑어리연꽃. 여름 하구를 더욱 신비스럽게 하는 수중식물들은 수질을 정화하고 물고기들의 은신처가 되기도 한다.

부엽식물(뿌리는 땅속에 있고 잎은 물 위에 있음)은 가는가래, 가시연꽃, 노랑어리연꽃, 마름 등이 많이 관찰됩니다.
　또 부유식물(물 위에 떠 있는 식물)은 생이가래, 개구리밥, 부레옥잠 등이, 침수식물(줄기와 잎 모두 물속에 있는 식물)은 대가래, 말즘, 실말, 나사말, 검정말, 붕어마름 등이 많이 서식합니다.
　수중식물들은 물가에 줄, 부들, 갈대 등의 정수식물이 분포하고, 그 다음으로 마름, 노랑어리연 등의 부엽식물이 그리고 수심이 깊은 곳에는 나사말과 대가래 같은 침수식물이 분포하고 있습니다. 개구리밥과 생이가래 같은 부유식물은 물 위에 떠서 바람에 따라 이리저리 이동합니다.

줄은 가장 흔하게 볼 수 있는 습지식물이다. 물닭, 쇠물닭은 주로 줄의 잎으로 둥지를 만든다.

**1** 을숙도 인공습지 가장자리에 있는 애기부들. 열매가 핫도그처럼 달려 있다.
**2** 습지의 대표적인 수중식물로 부유식물인 생이가래

여름 수면을 뒤덮는 자라풀. 초록의 융단을 만들어 하구에 생명력을 불어넣는다.

| 1 | 2 |
|---|---|
| 3 | 4 |

1 고마리
2 어리연꽃
3 여뀌
4 노랑어리연꽃

1 달개비
2 자운영
3 왕고들빼기
4 금불초
5 애기똥풀
6 민들레

## 도요새의 비밀

"너희들은 모르지/ 우리가 얼마만큼 높이 날으는지/ 저 푸른 소나무보다 높이/ 저 뜨거운 태양보다 높이/ 저 무궁한 창공보다 더 높이/ (…) 도요새 도요새/ 그 몸은 비록 작지만/ 도요새 도요새/ 가장 멀리 꿈꾸는 새"

좀도요

가수 정광태가 부른 「도요새의 비밀」이란 노래의 가사입니다.

도요새들은 제각기 좋아하는 서식 공간이 다릅니다. 이름이 말해주듯 덩치가 작은 좀도요는 간척지나 강 하구, 무논, 모래사장 등에서 쉽게 관찰할 수 있습니다. 우리나라에 도래하는 대표적인 중형 도요류인 민물도요는 썰물 때 무척추동물이 많은 갯벌을 좋아하며, 자유롭게 걸어다니며 움직일 수 있는 지역에서 무리지어 생활합니다. 세가락도요는 파도의 진행방향에 따라 들어갔다 물러나

세가락도요

며 민첩하게 움직입니다. 깨끗한 모래와 강하게 부서지는 파도가 있는 외해의 해변을 특히 좋아한다고 하네요.

마도요는 이동할 때나 겨울철에는 대부분 진흙으로 돼 있는 해안이나 만, 하구에서 서식하고, 번식기가 끝나면 시야가 탁 트인 곳을 좋아합니다.

# 물고기와 새들의 먹이 공급처

··· 낙동강 하구의 미세조류와 저서생물

 육지에서 공급되는 담수와 바닷물인 해수가 혼합되어 일정량의 염분 농도가 있는 기수역은 해양이나 내륙습지에 비해 생물종의 개체수가 월등히 많습니다. 특히 기수역은 담수와 해수에서 볼 수 없는 독특한 생물종이 많아 보존가치가 매우 높습니다.

저서생물의 개체수는 물의 염도, 오염의 정도, 담수의 유입량, 퇴적양 등에 따라 큰 영향을 받습니다.

낙동강 하구 을숙도 남단에는 세모고랭이가 군락을 이루었다. 세모고랭이는 여름철새들의 좋은 은신처가 되고, 겨울철에는 고니류의 좋은 먹이가 된다.

| 1 | 2 |
|---|---|
| 3 | 4 |

1 방게
2 갯비틀이고둥
3 진주담치
4 지렁이

1 도요등을 찾은 왕눈물떼새
2 낙동강 하구에서 관찰된 꼬까도요

새와 어패류의 중요한 먹이원인 조류(藻類)와 저서생물은 먹이사슬의 중·하층에 위치해 기수역 생태계를 건강하게 유지시켜줍니다.

학자들에 의하면 이곳에서 관찰되는 조류는 대략 200여 종, 저서생물은 75종 정도라고 합니다. 그러나 실제 서식하는 종은 이보다 훨씬 많다고 보면 됩니다. 조류는 태양에너지를 이용해 무기물로부터 유기물을 생산하고 그 종류도 수만 종에 이른다고 합니다. 이들은 해양생물의 먹이사슬에서 기초 생산자로 그 중요성이 매우 높습니다.

저서생물은 물 밑바닥(水底)에서 사는 동물을 말하는데, 갯지렁이 등 환형동물, 조개류 등의 연체동물, 갑각류인 게나 새우 등의 절지동물 등을 포함합니다. 저서생물은 낙동강 하구를 찾는 새들의 중요한 먹이가 됩니다.

조류와 염습지의 염생식물은 낙동강 하구 생태계를 건강하게 하는 존재들입니다. 조류는 저서생물의 먹이로, 저서생물은 다시 낙지나 숭어, 도요 및 물떼새류의 새들에게 더없이 좋은 먹이가 됩니다.

진우도에 날아든 괭이갈매기 떼가 한가로운 모습으로 여유를 즐기고 있다. 풍부한 먹이 덕에 갯벌과 모래사장은 좋은 안식처가 되고 있다.

　연안습지는 지구상의 자연 생태계 중에서 가장 생산력이 높은 곳으로 꼽힙니다. 연안습지는 내륙습지와 함께 농경지나 산림지역에 비해 최고 20배 이상 높은 생산력을 지닌다고 합니다.

　낙동강 하구의 대형 저서성 무척추동물은 엽낭게, 길게, 밤게, 붉은발말똥게, 백합, 재첩, 비단고둥, 갯비틀이고둥, 가무락조개, 맛조개, 댕가리 등 아주 다양하며, 이들은 낙동강 하구의 먹이사슬에서 중·하위에 위치해 생태계의 균형자 역할을 합니다.

낙동강 하구 백합등은 우리나라 도요새와 물떼새들의 중간 기착지로 매우 중요한 곳이다. 수천 킬로미터를 날아와 에너지를 공급받기 위해 엽낭게와 같은 먹이를 잡아 먹는다. 이 엽낭게들이 낙동강 하구에서 사라진다면 도요새와 물떼새들도 사라질지 모른다.

저서생물은 크게 저서식물과 저서동물로 구분합니다. 물속에서 식물 플랑크톤들과 함께 수중생태계의 중요한 1차 에너지 생산 역할을 하는 저서식물로는 청강, 파래, 모자반, 미역, 다시마, 김, 우뭇가사리 등을 꼽을 수 있습니다. 저서동물은 갯지렁이, 방게, 칠게, 맛조개, 피조개, 도둑게, 댕가리, 떡조개 등이 많이 관찰되는데 하구는 저서생물의 천국이라 할 수 있습니다.

| 1 | 2 | 3 | 4 |
|---|---|---|---|
| 5 | | | |

1 방게
2 맛조개
3 엽낭게
4 큰구슬우렁이
5 도둑게

## 새들은 좋아하는 먹이 달라

갯벌이나 내륙습지에서는 고니류와 기러기류, 잠수성 오리류 등이 무리지어 지내는 것을 종종 볼 수 있습니다. 이는 새들이 각기 좋아하는 먹이가 달라 서식공간을 차지하기 위해 다툴 필요가 없기 때문입니다.

고니류는 수중식물의 잎과 뿌리, 줄기 등을 주로 먹고, 기러기류는 떨어진 낟알, 옥수수, 콩, 밀 등을 즐겨 먹습니다.

오리류 중 혹부리오리는 작은 연체동물, 달팽이, 작은 물고기, 고기의 알 등을 좋아하고, 알락오리는 수중식물의 씨앗이나 수중식물을 주로 먹습니다.

잠수성오리류인 댕기흰죽지는 무척추동물이나 연체동물, 갑각류, 곤충의 애벌레 등을 먹고, 흰비오리와 바다비오리는 주로 작은 물고기를 먹으며, 갑각류나 연체동물, 딱정벌레, 잠자리류 등을 좋아합니다.

알락오리

혹부리오리

# 바다와 강을 오가는 물고기들의 터전

··· 낙동강 하구의 어패류

낙동강 하구는 어류의 산란과 서식장소이자 조개류의 보금자리입니다. 이곳에는 플랑크톤과 미세조류, 저서생물 등 풍부한 먹이가 있기 때문이지요.

학자들의 조사 결과 낙동강 하구에 사는 물고기는 38종에 달하는 것으로 나타났으며, 가장 많이 관찰되는 어종은 숭어이고, 그 다음이 전어, 농어 순으로 이들 물고기는 전체 서식 어류의 46퍼센트 정도를 차지한다고 합니다.

다음으로 전갱이, 웅어, 누치, 멸치, 문절망둑, 주둥치, 붕어, 양태, 밴댕이, 문치가자미, 보구치, 청어, 큰가시고기, 잉어, 등줄숭어, 은어 순으로 많이 관찰됩니다.

우리나라 민물고기 중 가장 흔하게 분포하는 피라미는 하천의 중류와 여울에 서식한다. 몸은 청록색이며 등 쪽이 짙고 배 쪽은 은백색으로 화려한 물고기이다.

이들 물고기 외에도 큰입우럭, 갈치, 두줄망둑, 복섬, 메기, 청보리멸, 동갈민어, 대구, 망상어, 실양태, 참붕어, 베도라치, 큰줄납자루, 까치복, 검정망둑, 참서대, 돗양태, 감성돔, 쥐치 등도 살고 있습니다.

하구언이 건설되면서 가장 큰 피해를 보는 물고기는 회유성 어류로 이는 이동에 큰 지장을 받기 때문입니다. 특히 강오름 어류인 칠성장어는 환경부 지정 멸종위기 야생동식물 Ⅱ급으로 바다에서 성장한 후 5~6월에 낙동강으로 올라와서 여름에 산란합니다. 산란장은 모래나 자갈이 깔려 있는 강바닥입니다.

칠성장어는 몸은 뱀장어 모양이지만 짝지느러미가 없고, 눈 뒤에는 7쌍의 아가미구멍이 있습니다. 우리나라에서는 동해로 유입되는 일부 하천이나 강에서 관찰되기도 하지만 낙동강 하구가 최대 서식지로 알

배스는 미국의 남동부 지역이 원산지. 지금은 우리나라 중부지방의 댐이나 저수지 그리고 낙동강, 섬진강 등에 널리 퍼져 있다. 토종 물고기들을 닥치는 대로 잡아 먹는 육식성으로 수중 생태계를 교란시키고 있다. 낙동강 하구에서 퇴치해야 할 대상이다.

수컷이 물 표면에 거품집을 만들어 암컷을 유인해 산란하는 버들붕어. 물 흐름이 느린 습지, 연못의 수초 등지에 주로 산다.
어릴 때는 물벼룩 등을 먹고, 자라면서 수서곤충의 애벌레 등을 먹는다.

회유성 어류의 종류

| 구분 | 종류 |
| --- | --- |
| 강오름 어류<br>(바다에서 생활, 강에서 산란) | 황복, 연어, 칠성장어, 웅어, 큰가시고기<br>바다빙어 등 |
| 강내림 어류<br>(강에서 생활, 바다에서 산란) | 뱀장어, 황어 등 |
| 주연성 어류<br>(민물과 바닷물이 만나는 곳에서 산란·성장) | 은어, 전어, 밴댕이, 풀망둑, 문절망둑, 농어 등 |

려져 있습니다.

번식기나 성장기에 바다와 강을 오가며 생활하는 물고기도 있는데, 이들 종을 통칭하여 회유성 어류라고 합니다. 낙동강 하구는 회유성 어류들이 해수와 담수에 적응하기 위한 완충지 역할을 합니다. 회유성 어류는 크게 강오름 어류, 강내림 어류, 주연성 어류로 나뉩니다.

강오름 어류는 바다에서 살다가 번식기에 민물로 올라가 산란하는 물고기로 낙동강 하구에서는 황복, 연어, 칠성장어, 웅어, 바다빙어, 숭어, 큰가시고기 등이 관찰됩니다.

강내림 어류는 담수역(민물)에서 살다가 번식기가 되면 바다에서 산란하는 종으로 뱀장어, 황어 등이 있습니다. 또 주연성 어류는 민물과 바닷물이 만나는 기수역에서 산란하는 은어, 전어, 밴댕이, 풀망둑, 문절망둑, 숭어, 농어 등이 있습니다.

왜매치는 우리나라 고유어종으로 물의 흐름이 느리거나 없는 모래 또는 펄이 깔린 소하천 중하류, 농수로 연못 같은 수초가 많은 곳에 떼를 지어 산다.

1 참몰개는 환경이 훼손되면서 하구에서 잘 관찰되지 않는다.
2 잠수성 물새들의 먹이가 되는 누치. 환경이 파괴되면서 개체수가 점차 줄어들고 있다.
3 낙동강에 사는 우리나라 특산종인 수수미꾸리

이들 회유성 어류는 서식처가 줄고, 하구언 건설로 인한 이동 제한, 기수역 축소 등으로 종수와 개체수가 크게 줄어드는 실정입니다. 강과 바다를 오갈 때 염분 농도에 적응해야 하기 때문에 회유성 어류들에게는 넓은 기수역이 필요합니다.

하구언이 생기기 전에는 구포에서 명지, 장림까지 연체동물이 다량 서식해 어민들의 주요한 수입원이 되었지만 지금은 개체수가 많이 줄었습니다.

낙동강 하구에서 지금까지 관찰된 연체동물은 28종입니다. 애기삿갓조개를 비롯해 둥근배무래기, 보말고둥, 가시고둥, 총알고둥, 어깨뿔고둥, 두드럭고둥, 보리무륵, 굵은줄격판담치, 진주담치 등 해양성 연체동물 11종이 살고 있습니다. 또 담수성 연체동물로는 민물담치, 참재첩, 털조개, 주름다슬기, 논우렁 등 7종이 관찰되고 있습니다.

낙동강 하구에 가장 많이 서식하는 조개류는 일본재첩이며, 이는 기수성 종으로 하구의 사주에서 구포까지 분포하는 것으로 조사되었습니다.

참재첩은 물금과 삼랑진에 많고, 장자도 부근에서는 빛조개, 띠조개, 말백합 등이 많이 관찰됩니다. 또 장자도와 백합등에서부터 구포까지의 갈대밭 사이로 기수우렁이 많이 서식하고, 장자도와 송정리 등지에서는 갯비틀이고둥이 많이 관찰됩니다.

## 외래종, 전 세계가 몸살

교역이 확대되고, 인터넷을 통해 외국 애완동물을 쉽게 구입할 수 있게 되면서 세계 여러 나라들이 외래종으로 몸살을 앓고 있습니다.

찰스 다윈이 진화론을 연구했던 갈라파고스 제도는 남미대륙에서 1천 킬로미터나 떨어져 있어 육지와 다르게 진화한 희귀종으로 가득한 생태계의 보고였습니다. 그러나 2000년대 들어 관광객이 늘어나고 교역이 증가되면서 외래종 숫자가 지난 1900년에 비해 10배 이상 증가한 1,321종에 달하는 것으로 조사되었습니다.

황소개구리

블루길

북미에서 건너간 황소개구리와 루이지애나 가재가 유럽과 아시아, 아프리카의 생태계를 파괴하고 있고, 동아시아에서 건너간 가물치와 칡이 미국의 하천과 도로변을 점령했습니다.

유럽 홍합은 유럽에서 북미로 건너가 오대호에서 고유종을 몰아냈고, 알래스카와 일본에서 건너간 북태평양 불가사리는 호주의 조개 양식업을 위협하고 있습니다. 아프리카에 유입된 부레옥잠과 개구리밥은 엄청난 번식력으로 아프리카 대부분의 호수를 뒤덮어 어업 생산량을 크게 떨어뜨렸고, 모기의 서식처가 되어 질병을 확산시키는 주범이 되고 있습니다.

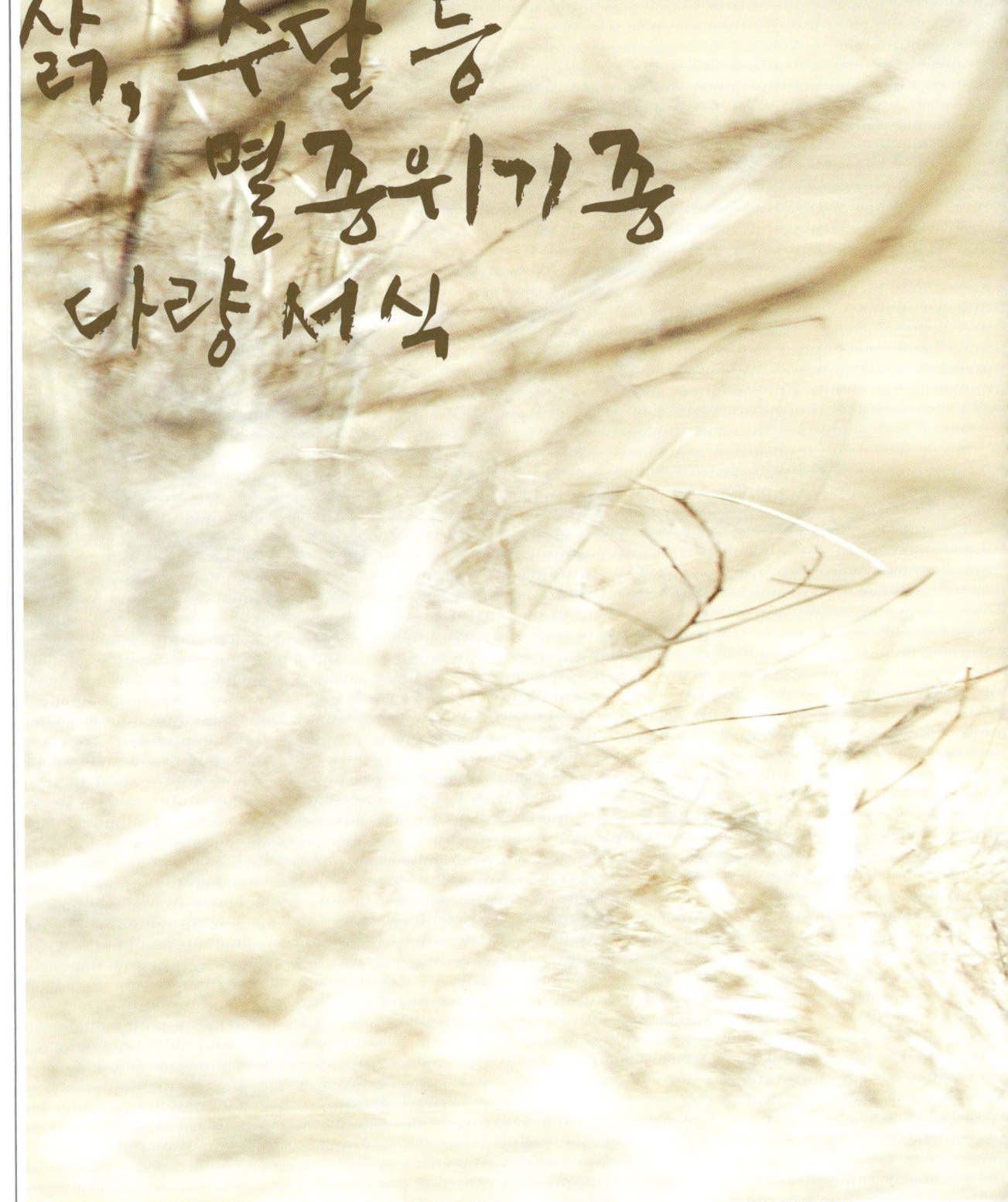
삵, 수달 등
멸종위기종
다량 서식

…낙동강 하구의 포유류, 양서류, 파충류

낙동강 하구에서는 포유류 16종, 양서류 6종, 파충류 10종이 관찰되었습니다.

진귀한 포유류는 수달과 삵(살쾡이)입니다. 수달은 야행성이라 잘 관찰되지 않지만 하구 갈대숲 부근에서 먹이를 사냥하는 삵은 가끔 눈에 띕니다. 수달은 서식지가 파괴되면서 개체수가 급격히 줄어든 포유류로 환경부 지정 멸종위기 Ⅰ급입니다.

낙동강 하구는 물고기가 많아 수달의 서식 환경이 좋은 편이지만 계속되는 개발과 일부 주민들이 쳐놓은 그물에 걸려 목숨을 잃는 경우가 많아 동물 애호가들이 크게 우려하고 있습니다.

어패류와 조류, 포유류, 양서류 및 파충류 등을 먹고사는 수달은 야간에 활동하지만 사람의 방해가 없는 지역에서는 낮에도 활동하는 영리한 동물입니다. 수달은 물속에서 6~8분 정도 먹이를 사냥할 수 있습니다.

갈대숲이 많아 은신하기 좋고, 설치류 등이 많은 낙동강 하구는 삵의 서식지로 매우 좋은 곳입니다. 삵은 쥐 등 설치류를 주로 잡아먹지만 노루 새끼, 멧토끼, 청설모, 새 등을 잡아먹기도 합니다. 간혹 갈대숲과 자갈밭 등지에서 번식하는 새를 잡아먹는 모습이 목격됩니다. 낙동강 하

| 1 | 2 |

1 봄철 물웅덩이나 습지, 강 하구 등지에서 자주 관찰되던 참개구리. 환경이 파괴되면서 토종 개구리의 서식지가 줄어들면서 점차 보기가 어려워지고 있다.

2 청개구리가 울면 비가 온다는 속설이 있다. 산업화가 가속화되면서 농약 사용과 습지 파괴 등으로 청개구리 울음소리를 듣기 어려워졌다. 우리나라 개구리류 중 덩치가 가장 작다.

임웅도에서 유혈목이가 참개구리를 삼키고 있는 모습. 뱀은 턱뼈가 발달돼 있어 큰 먹이도 삼킬 수 있다.

구 물속의 최상층 포식자가 수달이라면, 뭍의 최상층 포식자는 삵입니다.

낙동강 하구에서 관찰된 양서류는 맹꽁이, 무당개구리, 두꺼비, 청개구리, 참개구리, 황소개구리 등 6종으로 이들은 하구 대부분의 지역에서 볼 수 있습니다. 파충류는 남생이과의 붉은귀거북, 장지뱀과의 장지뱀, 줄장지뱀, 표범장지뱀, 뱀과의 누룩뱀, 무자치, 유혈목이, 능구렁이, 살무사과의 살무사 등 10종이 관찰되었습니다.

낙동강 하구에서 가장 흔하게 관찰되는 무자치. 물과 뭍을 오가며 사냥한다.

이 가운데 일명 붉은귀거북(청거북)은 외래종으로 우리 고유종인 남생이와 비슷하지만 수중에서는 천적이 거의 없습니다. 번식이 왕성해지면서 토종 물고기를 닥치는 대로 잡아먹어 생태계를 교란시키고 있지요.

환경부 지정 멸종위기 야생동식물 Ⅱ급인 표범장지뱀은 하구언과 녹산 수문 하부에서 주로 발견됩니다. 표범장지뱀은 강변의 풀밭이나 모래, 돌 밑 또는 흙 속에 구멍을 파고 사는데, 행동이 날쌔 곤충을 주로 잡아먹습니다. 서식 환경이 좋은 낙동강 하구에서는 자주 목격되지만, 개발로 인해 서식지가 많이 파괴되고 농약의 사용이 늘면서 개체수가 급격히 줄어들고 있습니다.

날렵한 몸매로 풀숲을 누비는 줄장지뱀. 낙동강 하구에는 먹이가 풍부해 뱀류가 많이 서식한다.

표범장지뱀은 진우도와 장자도에서 많이 관찰되며, 줄장지뱀은 을숙도에서 많이 서식하는 것으로 조사되었습니다. 학자들은 표범장지뱀 보호를 위해 진우도와 장자도에 대한 출입을 제한하는 등의 적극적인 조치가 따라야 한다고 말합니다.

특히 2008년 8월에는 환경부 지정 멸종위기종 Ⅱ급인 맹꽁이가 일웅도 일대에서 집단으로 서식하는 현장이 목격돼 학계의 관심을 끌고 있습니다. 생태 전문가들은 일웅도 일대에서 서식하는 맹꽁이가 5천 마리 이상 돼 전국 최대 규모의 서식지라고 추정하고 있습니다.

낙동강 하구는 천적인 뱀을 잡아 먹는 황조롱이와 솔개 덕분에 개체수가 늘어나고 있고, 먹이가 풍부한 데다 물이 찼다가 바로 빠지기 때문에 서식에 최적의 조건을 갖추고 있다는 것입니다.

일명 쟁기발개구리로 불리는 맹꽁이는 여름 장마철 울음주머니를 풍선처럼 부풀리며 '맹꽁맹꽁' 하는 소리를 냅니다. 예전에는 심심찮게 들을 수 있었는데 요즘은 개체수가 줄어 이 소리를 듣기가 어려워졌습니다.

## 동물들의 겨울잠

곰처럼 항온동물이면서 겨울잠을 자는 동물로 박쥐, 고슴도치, 다람쥐, 너구리, 오소리 등이 있습니다. 이들 동물 대부분의 심장박동수는 1분에 150회지만, 겨울잠을 자는 동안에는 심장박동수를 1분에 5회로 줄여 에너지 소모를 줄입니다. 이들 동물들은 몸에만 먹이를 저장해두는 것이 아니라 보금자리에도 저축해놓고 날씨가 따뜻해지면 가끔씩 깨어나 먹이를 먹기도 합니다.

그러나 개구리, 뱀, 거북 등 양서류나 파충류, 그리고 미꾸라지, 잉어, 붕어 등 체온이 주위의 온도에 따라 변하는 변온동물의 겨울잠은 다릅니다.

이들은 체온유지와 몸속 에너지 절약 차원에서 겨울잠을 자는 것이 아니라 체온이 0도 이하로 내려갈 경우 얼어 죽을 수 있기 때문에 어쩔 수 없이 겨울잠을 잡니다.

곰의 겨울잠이 얕은 잠인데 비해 변온동물은 날씨가 따뜻해지는 봄이 될 때까지 심장박동과 호흡이 거의 멎는 가사(假死)상태로 겨울을 보냅니다.

… 낙 동 강   하 구 의   곤 충

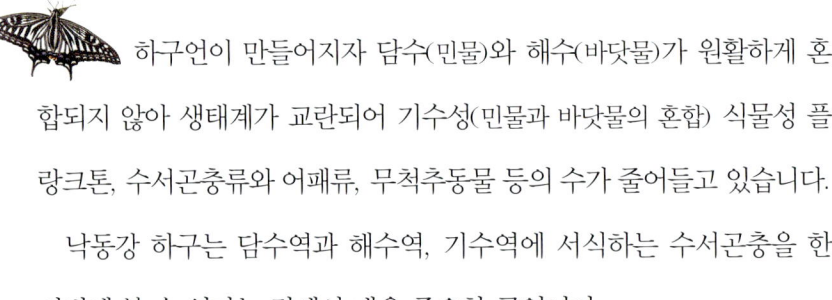

하구언이 만들어지자 담수(민물)와 해수(바닷물)가 원활하게 혼합되지 않아 생태계가 교란되어 기수성(민물과 바닷물의 혼합) 식물성 플랑크톤, 수서곤충류와 어패류, 무척추동물 등의 수가 줄어들고 있습니다.

낙동강 하구는 담수역과 해수역, 기수역에 서식하는 수서곤충을 한꺼번에 볼 수 있다는 점에서 매우 중요한 곳입니다.

| 1 | 2 |
|---|---|

**1** 파리매의 짝짓기. 파리매는 짝짓기를 한 상태로 날아다니기도 한다.
**2** 짝짓기 하는 섬서구메뚜기. 암컷의 덩치가 수컷보다 워낙 커서 마치 새끼를 업고 있는 것처럼 보인다.

| 1 | |
|---|---|
| 2 | |

1 중국청남색잎벌레 세 마리가 박주가리 잎 위에 있는 모습. 이들은 박주가리 잎을 주로 먹는다.
2 시골가시허리노린재. 등에 가시가 돋아 있어 붙여진 이름이다.

    학자들에 따르면 지구상에는 100만여 종의 곤충이 사는데 이는 모든 동물의 75퍼센트를 차지한다고 합니다. 대부분의 곤충은 육상에서 살고 일부 곤충은 수중생활에 적응해 담수역에 주로 서식합니다.

    이 같은 수서곤충은 곤충류 중 3퍼센트 정도에 해당하는 것으로 전 세계에 약 3만 종이 있으며, 우리나라에는 400여 종이 서식하는 것으로 보고되었습니다.

    낙동강 하구의 곤충에 관한 조사와 연구가 제대로 이뤄지지 않아 정

|1|2|3|
|---|---|---|
|4| | |
| |5|6|

1 남방부전나비
2 노랑나비
3 암먹부전나비
4 암끝검은표범나비
5 작은멋쟁이나비
6 네발나비

| 1 | 2 |

1 땅강아지를 사냥한 후투티. 후투티는 인디언 추장의 머리를 하고 있다.
2 배짱이를 입에 문 개개비사촌. 개개비와 비슷하다 해서 붙여진 이름이다.

확한 종수는 알 수 없지만, 2006년을 전후한 학계와 연구소 등의 조사를 종합해보면 땅에서 주로 사는 육서곤충과 물에서 주로 사는 수서곤충을 합쳐 156종이 서식한다고 합니다. 그러나 학계에서는 실제로는 이보다 더 많은 종이 살고 있을 것으로 보고 있습니다.

학자들의 조사 결과 담수역에서는 깔따구 유충과 실잠자리 유충이 가장 많고 기수역에서는 깔따구 유충과 어리광대소금쟁이, 외날개꼬마하루살이, 등검은실잠자리, 꼬마물벌레, 점물땡땡이, 땅콩물방개가 계절별로 다르게 나타났습니다. 또 해수역에서는 연중 전 지역에서 깔따구 유충과 꼬마물벌레, 바다소금쟁이가 많이 관찰되고 있습니다.

낙동강 하구는 우리나라의 다른 하구에 비해 무성한 갈대밭과 드넓

낙동강 하구는 잠자리들의 천국이다. 갈대숲에 수많은 곤충이 서식하고 있어 그 어느 곳보다 다양한 잠자리를 관찰할 수 있다.

| 1 | 2 | 3 |
|---|---|---|
| 4 | 5 | 6 |

1 고추좀잠자리  4 고추잠자리
2 날개띠좀잠자리  5 검은물잠자리
3 깃동잠자리  6 홀쭉밀잠자리

  은 초원이 있어 곤충들에게 더 없이 좋은 서식공간이 되고 있습니다. 그러나 하구언 건설 이후 민물과 바닷물의 소통이 제대로 안 돼 수질오염이 가속화되는 바람에 곤충들의 서식환경이 크게 나빠졌습니다.

  특히 2000년대 들어서는 밀려든 쓰레기와 퇴적물 등으로 유기물질이 많아지면서 파리류가 주류를 이루는 잡식성 곤충이 많이 출현하는 등 생태계가 급격히 교란 또는 파괴되는 현상이 나타나고 있습니다.

  곤충은 생태계 내에서 하부구조를 담당하고 있으며 생태계의 균형에 크게 기여하고 있습니다. 따라서 환경전문가들은 하구 주변에서는 농약 사용을 자제하고 쓰레기가 낙동강으로 들어오지 않게 조심하는 한편, 곤충이 가장 많이 관찰되는 시기인 6월 전후에 농약 사용을 억제하도록 하는 등의 제도적인 장치 마련이 절실하다고 지적합니다.

## 먹이에 따라 부리 달라

새들은 먹이에 따라 부리의 모양이 각기 다릅니다. 주걱 모양의 부리를 가진 노랑부리저어새는 이리저리 부리를 저어서 고기를 찾을 수 있도록 진화했습니다.

저어새, 노랑부리저어새, 쇠백로

*물고기를 먹는 새의 부리는 길고, 부리 주위에 톱니 같은 것이 있으며 끝이 조금 구부러진 형태입니다.(물총새, 청호반새 등)

*씨앗을 먹는 새는 끝이 뾰족하고 짧은 부리를 가지고 있습니다.(콩새, 솔잣새 등)

*곤충을 먹는 새는 주둥이가 큰 부리를 가지고 있습니다.(제비, 쏙독새 등)

*고기를 먹는 맹금류는 끝이 구부러진 갈고리 모양의 부리를 가지고 있습니다.(올빼미, 황조롱이 등)

물총새

제비

황조롱이

정서함양, 자연 소중함 일깨울 무대

21세기가 생태관광시대라는 것은 의심의 여지가 없습니다. 생태관광은 자연 생태계가 우수하거나 자연 경관이 아름다운 지역을 방문해 자연을 감상하고 배우며 자연보전에도 기여하는 것을 말합니다.

학자들은 낙동강 하구의 생태관광이 성공을 거두려면 우선 자연과 인간이 조화를 이루는 자연생태 공간이 돼야 하고, 지속 가능한 개발과 보존으로 국제적 생태관광지로 가꿔서 후손들에게 부끄럽지 않은 생태학습장이 될 수 있도록 해야 한다고 말합니다.

2008년 경남에서 개최된 제10차 람사르협약 당사국 총회 이후 생태관광에 대한 관심이 높아지고 있다. 낙동강 하구는 세계적인 생태 관광지로 손색이 없는 곳이다.

대마등, 장자도, 신자도 등의 하구 섬 지역은 생태적으로 민감한 만큼 핵심지역으로 선정하고, 접근을 최소화시켜 엄격하게 관리하고 진우도, 을숙도, 일웅도, 염막지구, 서낙동강 일부는 완충지역으로 예약제를 통한 제한적 이용을 해야 한다는 것입니다.

　낙동강 하구는 대도시와 인접해 있기 때문에 개발 압력을 많이 받지만, 한편으로 대도시와 가까운 곳에 있어 국제적인 생태관광지로 육성하기 좋다는 이점도 있습니다.

　관광전문가들은 낙동강의 빼어난 경관, 드넓은 하구, 다양한 생물의 서식, 천혜의 철새 도래지라는 점 등을 잘 활용한다면 세계적인 생태관

광지가 될 수 있다고 말합니다.

  현행 자연환경보전법, 습지보전법, 관광진흥법 등에는 생태관광에 대한 법적·행정적 지원을 명문화하고 있습니다. 이들 법에는 지방자치단체의 장이 생태관광을 적극 지원하고 생태관광자원에 대한 개발과 보호·이송·관리 등을 위해 조례를 제정할 것을 명시하고 있습니다.

  생태관광은 자연 사랑을 실천하게 하고, 생명을 존중하는 마음을 갖게 한다는 점에서 정부나 지방자치단체가 보다 적극적인 정책을 수립하고 시행해 범국민적 관심을 유도해야 합니다.

  낙동강 하구가 부산시와 부산시민만의 것이어서는 안 됩니다. 환경부는 보존활동에 적극적으로 나서고 비정부기구(NGO)의 활동에 대해 지원을 아끼지 말아야 하며, 전 국민들에게 낙동강 하구가 생물종 다양

우리나라 대표적인 철새 도래지이자 갯가 식물의 천국인 낙동강 하구는 자연생태학습장으로 각광받고 있다. 하구 풀숲을 걸어가고 있는 학생들의 모습이 신선하다.

성의 보고이자 철새의 왕국인 점을 인식시켜야 합니다.

이를 위해서는 에코가이드 양성교육, 환경대학 운영, 주민들에 대한 환경교육 강화, 학생들의 체험학습 등을 지속적으로 실시해야 합니다.

생태학자들은 낙동강 하구는 다른 생태관광지와는 달리 강과 바다라는 두 곳의 체험이 가능하고, 철새·갯벌·섬 등 다양한 볼거리가 있으며, 을숙도 생태공원과 낙동강하구에코센터 등 생태관광기반 시설이 있는 점, 그리고 원시의 자연습지인 우포늪(경남 창녕)과 동양 최대의 내륙 철새 도래지 주남저수지(경남 창원)와 연계한 생태관광이 가능하다는 점을 높이 평가하고 있습니다.

여기에 공항, 항구와도 가까워 접근이 용이해 다양한 프로그램을 개발하면 충분히 성공을 거둘 수 있다는 것입니다.

을숙도 습지에서 목격한 물닭 둥지. 4개의 알 옆에 새끼 한 마리가 부화돼 어미새를 기다리고 있다.

특히 정부가 적극적인 생태관광 활성화 정책을 내놓고, 일본과 중국을 겨냥한 전략을 수립하는 한편 생태관광과 관련한 콘텐츠를 개발한다면 낙동강 하구가 국제적인 생태관광 명소가 될 수 있다는 것이 전문가들의 견해입니다.

2008년 경남 창원에서 개최된 '제10차 람사르협약 당사국 총회' 참석자들이 공식 방문지로 우포늪과 주남저수지, 낙동강 하구, 순천만 등 네 곳을 둘러본 것도 중요한 의미를 지닌다고 할 수 있습니다.

### 낙동강 하구 철새탐조 포인트

드넓은 낙동강 하구를 막연하게 찾으면 철새 관찰이 어렵습니다. 핵심 포인트를 찾아야 탐조의 즐거움을 만끽할 수 있습니다.

붉은부리갈매기

**낙동강하구에코센터 부근** | 새를 가장 가까이서 보고 싶다면 사하구 을숙도가 좋습니다. 남쪽 끝으로 나오면 작은 선착장이 있고, 선착장 인근에 집 모양의 탐조대가 있습니다. 새를 가까이에서 볼 수 있고, 새도 방해받지 않도록 만들어져 있습니다.

**다대동 아미산 전망대** | 새뿐 아니라 낙동강 하구를 한눈에 조망할 수 있는 곳입니다. 몰운대 성당 앞에 설치된 아미산 전망대에서는 도요등, 백합등, 신자도, 장자도, 진우도 등의 모래톱들이 발 아래 펼쳐집니다. 날씨가 좋은 날은 가덕도까지 선명하게 보입니다.

깡총도요

**강서구 명지주거단지** | 대마등과 장자도가 손에 잡힐 듯합니다. 밀물 때와 썰물 때의 모습을 각기 조망해 보는 맛이 특별합니다. 명지갯벌을 바라보는 즐거움도 두 배가 됩니다.

**강서구 녹산 수문** | 겨울철새들을 관찰하기 좋은 곳입니다. 두 개의 녹산 수문과 다리가 바람을 막아준 덕분에 겨울철에 따뜻해 탐조객이 늘어나고 있습니다.

**신호공단 인공 철새 도래지** | 도요류와 물떼새류를 관찰하기 좋은 곳입니다. 신호갯벌을 바라보는 맛도 쏠쏠합니다.

● 궁금한 점이 있다면 '낙동강하구에코센터'에 문의하면 됩니다.

# 드넓은 가슴의 어머니 같은 곳, 하구갯벌

··· 약속의 땅, 낙동강 하구를 노래한 시

## 일웅도에서

이부용

저기 낙동강물이 흐른다

추억은

강가의 꽃몽오리들 되어 새색시 젖꼭지처럼

퉁퉁 불어 있다

물빛으로 갈대밭 사랑을 물들이다가

지웠다가

자꾸만 매만지는 시간의 토막들 사이

일웅도(一雄島) 모래밭 하이얀 파꽃이 다시 일어서고

태화고무 신발공장 순이들 지어준 갈매기 이름

흰 까마구들

하구언 지나 자유의 날개 저어 온다

돛배 찾아왔던 그날 그 소녀의 마음

은빛 물결로 인다

겨울 끝 갈대들의 속삭이는 모래톱 이야기 섞여

한 송이 저녁노을로 꽃필 때

조용히 눈을 뜨는 저 도시의 불빛들

# 을숙도

강윤수

낙동강 흐린 날

홀로 배 저어가는 사공을 본다.

사공은 저만큼 가을 수채화 속을 떠가고 있다.

잊혀진 채 강물도 철썩이고

내 안에 짙은 물안개 드리운 때

길 잃은 철새들의 울음소리

강마을은 조용히 물빛에 잠겨 있었다.

다 젖어도 젖지 않는 사공의 눈빛처럼

하나 둘 등불이 켜지면

저녁 바람에 스산히 흩어지는

마른 꽃잎들 마른 영혼들

가난한 삶은 흐린 날 더욱 가난한가 보다

둑 너머 신평공단 공사장 부근

파일 박는 소리에

가슴마다 금이 가고, 금 사이로

시린 강물이 스며든다.

스며도 철근으로 엮어서 굳어진 마음들은

아직 펴지지 않을 것이다.

갈꽃같이 메마른 기침을 하면서

마침내 흩어지는 바람으로

이 강둑에 나설 것이다. 그리고

가을이 깊이 모르게 잠겨 있는 을숙도에서

슬프도록 아름다운 조각달 하나

떠가는 것을 볼 것이다.

천천히 가슴 식어가는 물안개처럼.

사진작가의 변

## 낙동강 하구, 미래는 있는가

낙동강 하구를 찍기 위해 일웅도를 찾았을 때다. 수십 마리의 새가 모래밭에 둥지를 틀어 장관을 이루고 있었다. 카메라에 담긴 했으나 아쉬움이 남아 일주일 후 다시 그곳을 찾았다. 그러나 그 많던 둥지는 사라지고 한 개의 둥지만 남아 있었다. 모래를 채취하기 위해 포클레인 등 장비가 들어와 둥지를 박살낸 것이다.

혼자 목 놓아 울고 쓸쓸히 돌아왔다. 저렇게 서식지가 파괴돼도 누구 한 사람 제지하는 사람이 없었고, 새들이 떠나간 모래섬은 적막만 감돌았다.

낙동강 하구 모래섬 일웅도에는 사람들이 만든 구조물이 너무 많다. 새들의 서식 공간은 그만큼 줄어들었다. 새들은 호주에서 시베리아로 날아가면서 낙동강 하구에 잠시 들러 재충전한다. 머나먼 여행에 지친 몸을 이끌고 하구에 당도했을 때 사람들이 공간을 차지해버리면 어떻게 될까?

아름다운 낙동강 하구가 새들의 낙원이 되고, 수많은 생명체들의 보금자리가 되도록 하기 위해서는 자연을 그대로 둬야 한다. 간섭하지 않고, 그들의 땅에 발을 들여놓지 않으면 된다.

을숙도는 새들의 땅이었다. 그러나 개발 압력에 신비의 속살을 죄다 내주고 이제 빈껍데기만 남았다. 그 아름답던 섬이 육지로 변한 뒤 쓰레기 매립장, 운동장, 야외극장 등이 들어서면서 새와 뭇 생명체들은 쓸쓸히 퇴장했다. 그 을숙도에 과연 어떤 감동이 있을까?

낚싯줄에 다리가 잘린 재갈매기, 낚싯바늘이 목에 걸린 괭이갈매기, 통발에 걸린 청둥오리를 보고 나는 '과연 낙동강 하구에 미래가 있을까' 하고 묻는다.

그러나 이 같은 사실이 빙산의 일각이라는 점이 우리를 더 슬프게 한다. 밀렵과 환경호르몬, 농약 등으로 인해 새들과 수많은 생명체들이 신음하고 있다. 우리가 그들을 지키지 못한다면 결국 우리 스스로를 지키지 못하게 될 것이다. 신이 준 선물, 낙동강 하구가 영원하도록 진지하게 고민해야 할 때다.

2008년 여름 일웅도에서

최종수

**에필로그**

## 종(種) 보존 위해 어떠한 대가 치를 때

겨울 해질녘 10만여 마리에 달하는 가창오리 떼가 낙동강 하구 하늘로 날아오르는 모습은 육지나 바다에서 일어나는 맹렬한 바람의 소용돌이인 '용오름'에 비유되곤 합니다. 새들이 연출하는 이 아름답고 신비로운 모습은 드넓은 하구를 더욱 풍요롭게 합니다. 그 어떤 대가를 치루더라도 아름다운 자연은 보호되어야 한다는 것을 새들은 웅변해주는 듯합니다.

1978년 미 연방대법원은 테네시 강 유역의 텔리코(Tellico) 댐 건설과 관련해 개발론자와 보호론자 간의 오랜 논쟁을 잠재우는 판결을 내렸습니다. "어떠한 비용을 감수하고서라도 종(種)의 멸종은 막아야 한다"며 보호론자의 손을 들어주었습니다.

길이 8센티미터 크기의 물고기 스네일 다터(snail darter)라는 물고기

한 종을 보호하기 위해서는 댐 건설을 중단할 수도 있다는 성숙한 미국 사회를 우리는 주목해야 합니다. 12년간에 걸친 소송에 종지부를 찍는 저 "자연을 보전하기 위해서는 무엇이든 해야 한다"는 강력한 메시지.

낙동강 끝자락에 가로 놓인 하구언은 수많은 생물종의 멸종을 불러올 수 있고, 생명붙이들의 급격한 개체수 감소가 이미 진행되고 있는데도 우리는 애써 모른 체하고 있습니다.

우리나라는 국토의 65퍼센트가량이 산이어서 바닷가가 아니면 시야가 탁 트인 곳이 별로 없습니다. 하지만 부산의 녹산이나 명지의 하단, 을숙도와 가덕도에 서면 강이면서 바다 같고, 바다이면서 강 같은 수면과 그 언저리를 시원스레 조망해볼 수 있습니다.

낙동강 하구의 내밀한 모습을 들여다보면 이곳이 국내 최대 규모의 갯벌과 철새 도래지 차원을 넘어서 세계적인 습지이자 자연 생태계의 보금자리임을 알 수 있습니다. 뭇 생명체들에게 계절은 사사로움 없이 찾아오고, 태양은 내일 또다시 떠오르듯이 수수만년 낙동강 하구는 수많은 생명체들을 낳고 기르며 변화를 거듭하면서 오늘의 빼어난 풍광을 만들었습니다.

태고의 신비를 간직한 채 처녀성을 잃지 않으려고 몸부림쳐왔고, 지금도 그 같은 몸짓은 계속되고 있지만 드센 개발 압력으로 자연 그대로의 모습을 지키는 것은 쉽지 않아 보입니다.

부산 신항만 건설과 가덕-부산대교, 명지대교 건설, 강서구 범방제 축조공사와 경마장 건설에 따른 주거 이전, 김해 부원동-가락 간 도로 확장공사, 부산-김해 경전철 선로 건설 등이 추진되면서 새들과 물고기, 포유류와 양서 및 파충류 그리고 곤충류의 서식공간이 줄어들었거나 환경이 나빠지고 있습니다.

 더 늦기 전에 낙동강 하구가 원형을 잃지 않도록 우리 모두 나서야 할 때입니다. 지속가능한 개발이 아니라면 모든 행위는 신중해야 하며, 이곳에서만이라도 인간 위주가 아닌 뭇 생명체들을 위한 보전과 정책이 뒤따라야 합니다. 우리나라에서 삼각주가 가장 잘 발달돼 있는 낙동강 하구가 생태관광, 이른바 에코투어(Eco-tour)의 성공 모델로 자리잡길 기대해 봅니다.

2008년 가을 명지갯벌에서

강 병 국

## 찾아보기

### ㄱ

가시연꽃 37, 92, 93

개개비 78

개개비사촌 133

갯멧꽃 91

갯비틀이고둥 106, 118

갯사초 91

갯잔디 89, 90

검은딱새 72

검은물잠자리 134

고마리 97

고추잠자리 134

고추좀잠자리 134

괭이갈매기 79

귀제비 78

금불초 98

긴꼬리제비갈매기 74

깃동잠자리 134

깝작도요 79

꺅도요 67

꼬까도요 104

### ㄴ

낙동강하구에코센터 141

날개띠좀잠자리 134

남방부전나비 132

네발나비 132

노랑나비 132

노랑발도요 67

노랑부리백로 28

노랑부리저어새 61

노랑어리연꽃 37, 92, 97

노랑턱멧새 73

노랑할미새 85

누치 112

### ㄷ

달개비 98

대마등 15, 54, 61, 63, 70, 76, 90, 139

도둑게 37, 107

도요등 15, 54, 58, 60, 62, 70, 75, 90

뒷부리도요 79

### ㅁ

마름 36, 37, 92, 93

맛조개 106, 107

맹금머리등 15, 54, 58, 70, 90

맹꽁이 125, 126

무자치 125

물닭 79

물총새 78, 135

### ㅂ

방게 107

밭종다리 77

배스 113

백할미새 84

백합등 15, 54, 58, 70, 75, 90, 118

버들붕어 114

붉은부리갈매기 25, 79

삑삑도요 67

### ㅅ

삵 122, 125

생이가래 92, 93

섬서구메뚜기 130

세모고랭이 37, 89, 92

쇠제비갈매기 60, 62, 79

수달 122, 125

수수미꾸리 117

숭어 105, 112, 115

시골가시허리노린재 131

신자도 15, 54, 60, 62, 63, 70, 74, 90, 139

## ㅇ

알락할미새 84, 85

암먹부전나비 132

어리연꽃 97

애기똥풀 98

애기부들 37, 92

여뀌 89, 92, 97

엽낭게 37, 106

왕고들빼기 98

왕눈물떼새 79

왜매치 116

외래종 125

유혈목이 125

을숙도 15, 16, 45, 54, 55, 56, 58, 70, 76, 90, 126, 139, 140

일웅도 15, 54, 55, 56, 57, 126, 139

## ㅈ

자라풀 36, 37, 92, 96

자운영 98

작은멋쟁이나비 132

장자도 15, 55, 62, 63, 70, 90, 118, 126, 139

재갈매기 79

저어새 61, 63, 74

제비갈매기 79

줄 92, 93, 94

줄장지뱀 125, 126

중국청남색잎벌레 131

중부리도요 67

진우도 15, 54, 62, 63, 70, 90, 126, 139

진주담치 118

## ㅊ

참개구리 125

참몰개 117

청개구리 125

청다리도요 75, 79

칠성장어 113, 115

## ㅋ

큰구슬우렁이 108

## ㅌ

퉁퉁마디 91

## ㅍ

파리매 130

표범장지뱀 125, 126

피라미 112

## ㅎ

학도요 59, 67

해당화 91

홀쭉밀잠자리 134

후투티 133

흰물떼새 60, 79